农民教育培训·食用菌产业兴旺

食用菌

高效栽培与病虫害绿色防控

胡永锋　才伟丽　黄连华 ◎ 主编

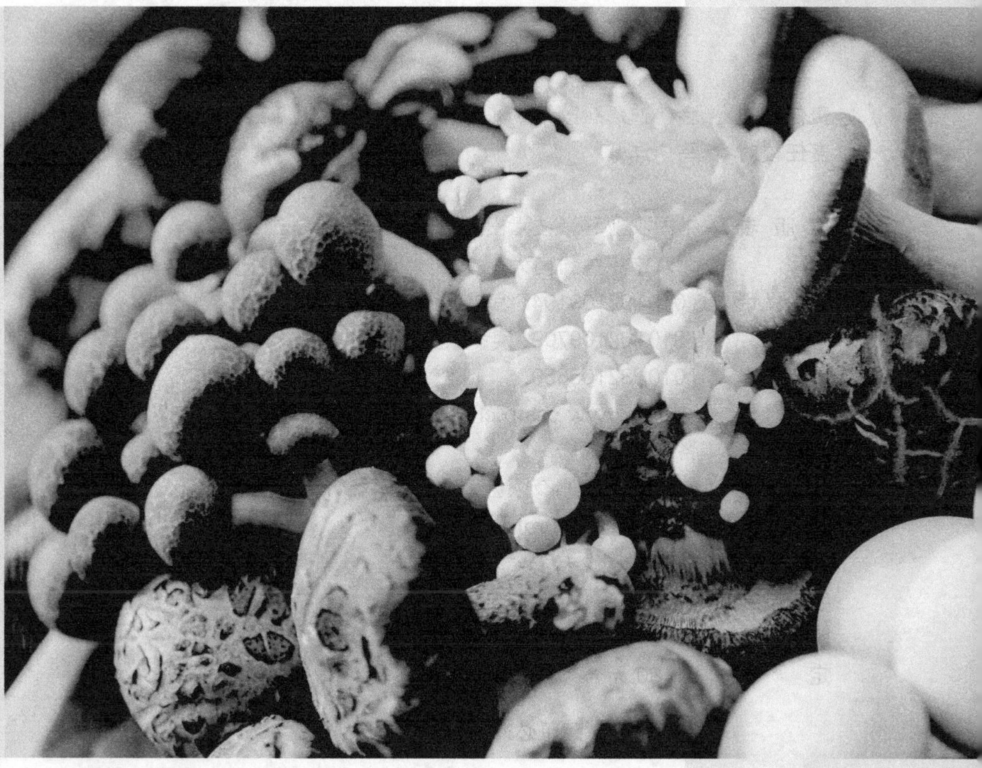

中国农业科学技术出版社

图书在版编目（CIP）数据

食用菌高效栽培与病虫害绿色防控 / 胡永锋，才伟丽，黄连华主编．—北京：中国农业科学技术出版社，2019.9（2024.12重印）

ISBN 978-7-5116-4385-8

Ⅰ.①食…　Ⅱ.①胡…②才…③黄…　Ⅲ.①食用菌-蔬菜园艺②病虫害防治　Ⅳ.①S646②S43

中国版本图书馆 CIP 数据核字（2019）第 195313 号

责任编辑　金　迪　崔改泵
责任校对　马广洋

出 版 者　中国农业科学技术出版社
　　　　　北京市中关村南大街 12 号　邮编：100081
电　　话　(010)82109194(编辑室)　(010)82109702(发行部)
　　　　　(010)82109709(读者服务部)
传　　真　(010)82106650
网　　址　http://www.castp.cn
经 销 者　各地新华书店
印 刷 者　北京建宏印刷有限公司
开　　本　880mm×1 230mm　1/32
印　　张　5.75
字　　数　163 千字
版　　次　2019 年 9 月第 1 版　2024 年 12 月第 3 次印刷
定　　价　31.80 元

《食用菌高效栽培与病虫害绿色防控》

编　委　会

主　编：胡永锋　才伟丽　黄连华

副主编：李国东　孙榕蔓　丁培媛　杨　光
刘蒲胜　李　娜　李成利　李　芳
陈　静　陈爱军　王兆吉　梁卫东
孙秀媛　赵兴建　左经龙　姜桂霞
魏茂阁　周艳勇　董忠义　顾永革
马立花　丁　雅　薛　雪　邵占青
王　月　苏俊坡　何　斌　曾正琼
唐金凤　耿加会　窦文慧　胡昌鸿
白亚丽　乔文峰　吴　钧

编　委：刘明年　张　璐　张春坪　谢小红
付　超　谢　彬　刘明明　胡善英
谢年友　彭庆友　张　凤

前　言

近几十年来，中国食用菌产业异军突起，我国在食用菌新品种栽培、产品产量和出口量上都成为了世界上当之无愧的“强国”。食用菌产业已成为继粮食、油料、果品和蔬菜之后的第五大种植产业。

食用菌产业具有循环、高效、生态的特点，能有效促进农民增收、农业增效。我国食用菌产量每年都在持续增长，产业链条也随之进一步延伸，产品附加值不断增加，发展势头良好。

本书主要介绍食用菌高效栽培基础知识、食用菌制种技术、食用菌高效栽培技术、食用菌病虫害及绿色防控技术、食用菌菌渣综合利用技术、食用菌贮藏与加工技术等方面的内容。

由于编者水平所限，加之时间仓促，书中不尽如人意之处在所难免，恳切希望广大读者和同行不吝指正。

编　者

目　录

第一章　食用菌概述

第一节　食用菌的定义

食用菌（edible fungi 或 edible mushroom）也称为“菌”“蕈”“耳”“蘑菇”等。广义指一切可被人类食用的真菌，既包括肉眼可见的大型食用真菌，如平菇、香菇、金针菇等，也包括肉眼难以看清的小型食用真菌，如酵母菌、脉孢霉、曲霉等。狭义指一类可供人类食用的大型真菌，通常能够形成大型肉质或胶质的子实体或菌核类组织，如肉质的杏鲍菇、草菇、白灵菇等；胶质的银耳、木耳、金耳等；菌核类组织的茯苓、猪苓、雷丸等。食用菌属大型真菌，在已知的种类中，大多数（约占 90%）属于真菌门中的担子菌门，极小部分（约占 10%）属于子囊菌门。

第二节　食用菌的分类地位

分类鉴定是野生食用菌资源采集、驯化、育种、栽培等科学研究的基础。早期的分类主要以形态学（宏观和微观）、生态学特征为依据，根据各类群之间特征的相似程度按界、门、纲、目、科、属、种 7 个分类等级进行分类，采用林奈创立的双名法命名物种，每一个种均用拉丁文给以二名制，即两个词组成的名字，第一个词是属名，第二个词是种名，后面是命名人姓名的缩写，如荷叶离褶伞、杨柳田头菇。

目前，自然界有 200 多万个已知物种，真菌大约 25 万种，其中大型真菌 1 万多种，食用菌 2 000多种（我国约有 980 种），且约有 90%属于担子菌门，约 10%属于子囊菌门（图 1-1）。

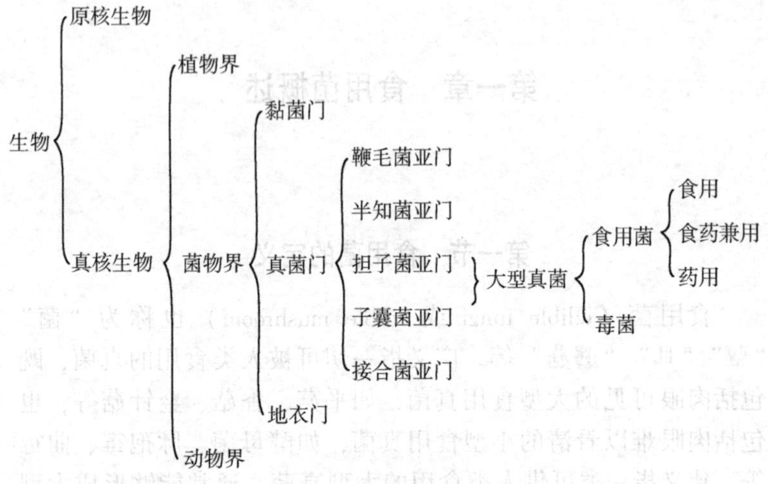

图 1–1　食用菌的分类地位

第三节　食用菌的实用价值

一、食用价值

食用菌是人类继植物性食物、动物性食物之后的第三大食物来源，科学研究表明其集中了众多食品的优点，营养价值达到了“植物性食品的顶峰”，是人类最具有潜力的健康食品之一。联合国粮农组织曾指出“一荤、一素、一蘑菇是人类最佳饮食结构”。

近年来，“三低一高”（低脂肪、低糖、低盐、高蛋白质）食品备受广大消费者青睐，食用菌是“三低一高”的典型代表。

二、药用价值

除较高的营养价值之外，因具有特殊的药用、保健作用，食用菌已成为寻找和开发抗癌、抗菌、抗衰老等药效成分的重要天然药物资源之一。

三、生态价值

在自然界生态系统中，植物是生产者，动物和人类是消费者，食用菌作为微生物的重要代表既是分解者又是生产者。植物能利用太阳能、二氧化碳、水等制造有机物质，为动物、人类以及食用菌提供物质和能量；动物和人类将植物、食用菌所提供的有机物转化成自身物质，经新陈代谢，最终以粪便形式经发酵成为植物或食用菌的养分；食用菌以植物、动物、人类残体以及积累的有机物为原料，利用自身产生的各种胞外酶将难降解的纤维素、半纤维素、木质素等大分子物质分解成各种小分子，一部分供给植物并改良土壤结构，另一部分转变为食品分别供给动物和人类进入下一次循环（图 1–2）。因此，食用菌在生态系统的物质与能量循环过程中起着重要的角色。

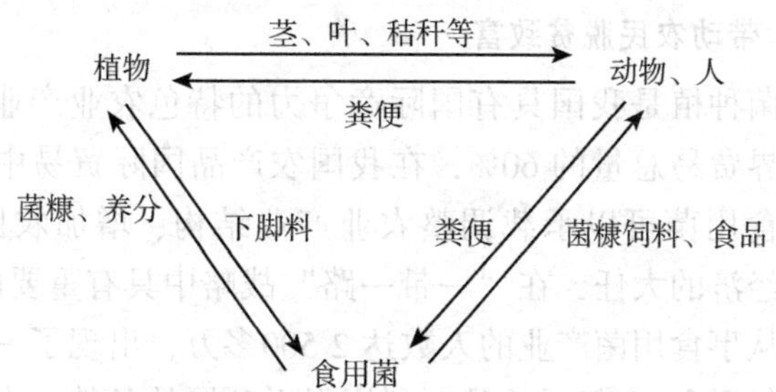

图 1–2　植物、动物、食用菌之间的生态关系

第四节　食用菌产业概况

随着工农业的快速发展，农林废弃物增加，食用菌因其口感、营养、药效已成为人尽皆知的绿色食品之一，目前食用菌产业面临着机遇与挑战并存的局面。

一、产业发展优势

（一）促进资源优化配置

我国幅员辽阔，地形复杂，气候类型多样（由南向北依次是热带、亚热带、暖温带、中温带、寒温带)，良好的自然条件使得野生食用菌资源较为丰富。同时，作为传统农业大国和具有优良饮食文化传统的国家，中国是食用菌栽培较早的国家之一，也是栽培种类最多的国家，具有区域性劳动力充足、农林废弃物（农林副产品及其下脚料等）丰富、产品销售广泛等优点。

（二）实现生态良性循环

食用菌产业是集经济效益、生态效益和社会效益于一体的“短、平、快”农业产业，具有占地少、用水少、投资小、见效快、效率高等特点，中国工程院院士李玉认为食用菌具有“五不”(不与农争时、不与人争粮、不与粮争地、不与地争肥）特点，属于综合效益较好的产业。

（三）带动农民脱贫致富

食用菌种植是我国具有国际竞争力的特色农业产业，出口量约占世界贸易总量的60%，在我国农产品国际贸易中占有重要地位。食用菌可以承载调整农业产业结构、增加农民收入、壮大地方经济的大任，在“一带一路”战略中具有重要的意义。目前全国从事食用菌产业的人数达2 500多万，出现了一批食用菌产值超亿元和10亿元的县，利用得天独厚的条件，未来食用菌种植区域和规模将得到稳定的发展。

二、产业发展主要限制因素

（一）产业转型升级滞后

经济发展的重要标志是对食品安全和质量要求的不断提高，绿色食品和有机食品则是基本要求，而我国现有食用菌生产绝大多数仍处于常规栽培，在新形势下食用菌产业将面临前所未有的挑战，“生态、优质、安全、高效、高端”是未来食用菌产业发展的必然趋势，遵循可持续发展原则，按照绿色、甚至有机的栽培要求，产出安全优质的产品，才能保证该产业的健康稳定发展。

（二）产品开发技术薄弱

由于受栽培季节安排的限制，食用菌产品的供应与消费者的需求不完全匹配，缺乏安全可靠和价廉的食用菌保鲜加工技术，在企业或菇农大量出菇的季节，因存放时间长、贮藏方式不适宜、流通受阻等造成品质下降或腐烂变质，良好的保鲜加工技术缺乏直接影响着食用菌生产规模与产品开发。

三、产业发展趋势

（一）栽培有机化

健康是人类永恒的话题，任何一种食品的最终目的都是为健康生活服务。顺应市场的需求，食用菌产业在常规栽培过程中已表现出“非常规”发展的特点、趋势。对有机栽培产品的需求日益增加，针对种植过程各个环节不少种植户开始按照生态、高产、安全、优质的要求生产食用菌，依托廉价的林地发展食用菌林下栽培已成为新潮，林下种植可有效促进菌业与生态环境的协调发展。

（二）推广多样化

新种类、新品种和新技术的推广应用是农业产业立于不败之地的保障，食用菌主产区以常规的平菇、金针菇、香菇、银耳、草菇等为基础，根据不同地理环境、栽培原料、市场需求等逐步研发或引进周年栽培的地方性种类（品种），蟹味菇、白灵菇、蛹虫草等珍稀种类的种植逐步得到推广。

（三）产品多元化

目前，食用菌产品市场以原料和粗加工为主，精深加工处于初级发展阶段，根据不同菇类的特殊成分，提取其各种水溶性、脂溶性活性物质，做成各种各样的产品（调味品、保健品、化妆品等），加大食用菌深加工的开发力度，提高其利用率和应用范围的趋势已形成。

第二章 食用菌高效栽培基础知识

第一节 培养料的选择与配制

一、培养料的选择及处理

（一）主料

（1）木屑　菇木和耳木粉碎成木屑，是木腐食用菌主要的营养来源。我国适宜木腐菌生长的树木种类多、分布广，在实际生产中要根据树木材质、树龄和粗度以及不同菇、耳对其的适应性，选用适生树种。

（2）工农业副产品　适于栽培食用菌的主要有棉籽壳、木屑、玉米芯、稻草、麦秸、玉米秸、大豆秸、花生壳、甘薯藤、花生藤、大豆荚、大麦草、甘薯渣、粉渣等秸秆类和饼渣类。

（3）粪料　一般多作为双孢蘑菇、大肥菇、草菇、鸡腿蘑等粪草菌的栽培主料。常用的有马粪、牛粪、猪粪、鸡粪等。因为粪料不仅是食用菌生产的大宗原料，而且也是草腐菌栽培的最基本原料，所以把它归纳为主料。

（二）辅料

（1）米糠　米糠是栽培各种食用菌最常用的辅料，主要作用是增加氮源。新鲜的米糠中含有 12.5% 的粗蛋白和大量的生长因子，如盐酸硫胺素（维生素 B_1）、烟酸（维生素 B_5）等。一般添加量为 5%～15%。

（2）麸皮　是栽培各种食用菌最常用的辅料，它的作用主要是增加培养料的氮源。此外，还为食用菌生长提供所需的各种维生素，如维生素 B_1、维生素 B_2等。但须注意添加量不宜过高，否则培养料碳氮比失调，会造成菌丝徒长，而且还易感染杂菌，甚至导致不出菇或出畸形菇。一般使用量为15%~20%。麸皮有红麸皮、白麸皮之分，红麸皮营养成分含量较高。

（3）玉米粉 玉米粉也是常用的辅料之一，在食用菌栽培中既可作为速效养分，促进菌丝快速生长，又可为食用菌生长提供生物素等，常被视为增产剂。玉米粉主要用于低温型食用菌的生产，添加量一般控制在3%~5%，高温季节进行食用菌生产一般不加或少加玉米粉，以免造成链孢霉等杂菌污染。

（4）糖 因为棉籽壳、木屑、各种秸秆、稻草等都是大分子碳水化合物，分解较慢，为促使接种后的菌丝体很快恢复创伤，促进菌丝迅速生长，常在培养料中加入少量葡萄糖或蔗糖作为食用菌培养初期碳源的补充，同时还可诱导胞外酶的产生，加速对粗纤维等原料的利用。一般添加量控制在1%~2%。食用菌培养料中添加红糖、白糖均可。但红糖中葡萄糖含量较高，且含有较多的铁、锰、锌等矿物质元素，能满足菌丝生长过程中对微量矿物质元素的需求。此外，红糖中还含有胡萝卜素、核黄素等，更是白糖所不及的。但白糖更容易与主料混匀，使用方便。

（5）石膏 石膏可中和食用菌菌丝在分解培养料过程中产生的有机酸，同时还能降低木屑中单宁的含量，使之更有利于菌丝的蔓延，还起到稳定酸碱度，增加钙、硫营养成分的作用。添加量为1%~3%。

（6）石灰或碳酸钙 配料时添加1%~5%的石灰或碳酸钙，除可补充钙外，还可调节pH值，防止培养料酸败，在高温季节尤为重要。此外，还能防止绿色木霉等杂菌污染。但不同的菇类耐酸碱性不同，所以要求石灰的添加量也不一样。喜酸性食用菌如猴头、香菇、金针菇等的生产一般不添加石灰。石灰或碳酸钙在袋栽食用菌的代谢过程中释放一定的二氧化碳，会促使子实体早熟，对质量造成一定影响。

此外还有粕饼、黄豆粉、过磷酸钙、硫酸镁、添加剂等。

（三）覆土

有些菌在其生长过程中需要覆土，并且有不覆土不出菇的习性。常见的有双孢蘑菇、鸡腿菇、竹荪、天麻等。此外，多数食用菌可覆土栽培，可提高产量。因此，覆土也是食用菌栽培的重要培养基质。覆土既可降低培养料的温度，又可以保持培养料的水分，还可以补充部分营养，因此被广泛应用到反季节香菇栽培中。目前，夏季香菇大多采用覆土栽培。庆元黄田、竹口及龙泉小梅一带农民为了方便管理，近年创造性的进行香菇秋、冬季覆土栽培，无需菌棒注水，菇型也比较厚实，但存在泥沙和化学污染的可能。覆土还可以给双孢蘑菇的菌丝提供菇蕾扭结的场所。

覆土材料应具有持水强，通气好，遇水不黏，失水不板结，含有5%~10%的腐殖质，pH 值 7.5~8.5，没有病虫害等特点。多采用砻糠土或发酵土，也可用草炭土。在用前将其混匀、沤熟。用时过筛，暴晒 1d，喷 5%甲醛、1%敌敌畏或 1%杀螨醇等消毒、杀虫，覆膜堆闷 2~3d，再拌入 2%~3%的石灰，调至 pH 值 8.0~8.5，湿度调至手握成团、落地即散为宜。

二、培养基制备

培养基含有所培养菌株生长所需要的各种营养物质，并且养分浓度适宜，比例平衡，利于菌丝吸收利用。培养基中的碳氮比要适宜。若培养基中碳源供应不足时，易引起菌丝的过早衰老和自溶；若氮源过多或过少，则会引起菌丝生长过旺或生长缓慢。培养基中的 pH 值也是影响菌丝生长的重要因素，食用菌大多喜中性偏酸的环境，适宜 pH 值 6~6.5。一般培养料经灭菌后，pH 值会有所降低，因此，在配制培养料时，要用石灰调整 pH 值为 8 左右为好。

可根据当地原料资源情况选用合适的配方。根据灭菌锅的大小，估计好当天的灭菌量。按比例称料混合，拌料要均匀，拌料时，把木屑、棉籽壳、玉米芯等主料堆成小堆，再把麸皮、糠、石膏、石灰等辅料，由堆尖分次撒下，或全部主料摊成一个平台，辅料均匀平铺上面，再用铁锹反复翻拌，使主辅料混合均匀。含量较少的物质，如糖、尿素等应先溶于水中，然后再拌料。拌料时料水比一定要合理，宁干勿湿。培养料加水量应考虑夏天拌料少加水，新料少加水，辅料添加量大时少加水，棉籽壳少时少加水，木屑为主料时少加水。含水量检查：抓一把培养料握紧，棉籽壳培养基以指缝有水渍但不下滴为宜；木屑培养基以紧握后松开，料团能散开但仍保持一定的团状结构为度。然后将料堆积起来，闷 30~60min，待料拌匀吃透水后，即可装袋。有条件的提倡使用搅拌机拌料，先把各种干料装入搅拌机中，边供水边搅拌，将各种辅料加入料斗，搅拌均匀。

三、填料装袋（瓶）

填料装的容器有玻璃容器和塑料容器两大类。玻璃容器透明度好，污染率低，但价格较高，且易损坏，其主要用于菌种分离、保存、鉴定和母种、原种的制作。塑料容器又分塑料瓶和塑料袋两种，塑料瓶不易破损，在 120℃ 蒸汽中消毒不变形，适用于自动化、半自动化和流水作业制种生产线。塑料袋较轻便，成本低，但较易污染杂菌，且不宜重复使用，一般用来制作栽培种或直接用于栽培。塑料袋多用聚乙烯或聚丙烯膜制作，不同的食用菌，采用的塑料袋规格不同；同一种食用菌，制种和栽培袋的规格也不同。进行常压蒸汽灭菌，可用聚乙烯塑料袋，厚度 0.05~0.06mm 为宜；进行高压蒸汽灭菌时，宜用聚丙烯塑料袋，但其在冬季柔韧性差，比较容易破裂，低温时使用应小心。

选用塑料袋做培养容器，人工装袋要准备好装袋用的小工具，如小撮子、扎孔用的木棍等。装袋时先在袋内装入 1/5 培养料，一边装袋一边压实，不可一次装满，满袋后按平料面，用直径 2~2.5cm 木棍在料中间打一通气孔至袋底后，擦净袋口，把袋上口收紧套上套环，将高出套环部位的袋口翻卷到套环外沿下口，然后盖上无棉盖体，也可用颈圈和棉花封袋口，封好后轻轻放入周转筐内准备灭菌。大规模生产时，为了提高装料效率，用装料机装料。

目前，应用量最大的是筒袋栽培，装袋后则成为生产上常称的菌棒或菇棒。筒袋长度一般为35~60cm，折辐一般为14~22cm，厚度以0.05mm为主。筒袋栽培适合采用机械装袋，接种方便，效率高，且营养丰富。国内生产量最大的香菇、木耳等栽培大多采用筒袋栽培。

第二节　消毒灭菌

微生物在自然界的分布十分广泛，生产食用菌的原料、水、工具、设备和空间等都存在着大量的微生物，它们以菌体或孢子的形态存在，随着各种媒介进行传播。这些微生物对食用菌的正常生长发育影响极大。对食用菌而言，除要求培养的菌类以外的微生物都统称为杂菌。食用菌在生长过程中一旦感染杂菌，杂菌就会迅速繁殖，与食用菌争夺养料和空间，甚至分泌毒素或寄生在食用菌上，影响食用菌的正常生长发育，从而给生产造成经济损失。因此，在食用菌的制种和栽培中，应保证菌种优良纯正无杂，并且在接种过程要树立严格的无菌观念，在培养过程要树立竞争观念，掌握和运用消毒、灭菌技术，严防杂菌污染。

由于生产的目的不同，对培养基质、工具、环境中的无菌程度要求也不同。因此，可以根据生产情况选用不同的方法，如灭菌、消毒、防腐等。

灭菌是指在一定范围内用物理或化学的方法，杀灭物料、容器、用具和空气中的微生物，包括微生物的营养体和休眠体，使物料成为无菌状态。消毒是采用物理或化学的方法，杀灭或清除基质中、物体表面及环境中的部分微生物。除菌是一种机械方法（如过滤、离心分离、静电吸附等），除去液体或气体中微生物的方法。防腐是用来防止或抑制微生物生长繁殖的技术，是一个抑菌过程。杀菌泛指杀死微生物菌体，通常不包括芽孢，有这种作用的药剂称为杀菌剂。

消毒灭菌是排除杂菌干扰，为食用菌创造洁净生长环境的重要保证，也是食用菌生产中的一项基本技术，是食用菌生产成败的关键环节。

第三节 接 种

一、接种的概念

接种是食用菌菌种生产和栽培过程中非常重要的一个环节，是指将菌种移接在培养基中。无论是菌种的转代、分离、鉴定，食用菌形态、生理、生化等方面的研究和食用菌生产都离不开接种操作。在菌种生产工艺中称为接种，而在栽培工艺即生产中有时也称为下种或播种。

二、常用的接种用具

接种工具是指分离和移接菌种的专用工具，样式很多。常用的有接种针、接种钩、接种环、接种铲、接种锄、镊子等。实际生产中，操作者常根据需要，自制一些接种工具。

三、接种条件

根据生产规模，采用不同的接种环境，其目的是保证有足够的相对无菌条件，便于操作，提高菌筒制作的成品率。

第四节 培菌管理

一、母种培养

接种结束后，用纸包扎试管上部，每 7 支 1 捆，放入培养箱进行培养。培养温度等条件应根据生产的品种具体设定和调控，一般平菇、鸡腿菇、金针菇、白灵菇等品种应调至 25℃左右，草菇应调至 28℃以上。空气相对湿度应保持在 60%左右，同时避光，并保持空气新鲜，从而使菌丝生长健壮。

二、原种栽培种培养

培养室应清扫干净并严格消毒。培养初期温度保持在25℃左右，随后每隔10d降1℃，至长满袋（瓶）。为了充分利用空间，菌种瓶或菌种袋宜放在培养架上。菌种瓶应先竖放，当菌丝萌发定植后，改为横卧叠放。因为竖放菌种瓶，瓶塞易沉积灰尘和杂菌，瓶内的培养料中的水也易下沉，使上部干燥下部积水，菌丝难以吃透料。横放的菌种瓶可经常转动，使瓶内水分分布均匀。而对于菌种袋，摆放层数和摆放方式可根据室温而定，低温季节室温较低，摆放层次可多。每隔1周需将菌种袋上下内外调换1次，以保持菌袋间温度均匀一致，发菌一致。高温季节菌种袋须“井”字形摆放或单层摆放，以利菌袋间通风降温，免受高温危害。

培养室内空气相对湿度为60%～70%，避光，定时通风。经常保持培养室洁净，防止杂菌发生。栽培种比原种菌丝长满瓶所需时间短，当菌种瓶（袋）中菌丝体长至培养基的1/3时，培养室的温度可降低2～3℃，以免随菌丝生长代谢加强，料温上升而引起高温障碍。

三、栽培袋（菌棒）培养

（一）培养室的消毒

接种的栽培袋可搬运到菇棚内或发菌室发菌，棚室使用前要清理干净，熏蒸消毒，密闭24h，就可以将菌袋搬入进行发菌管理。

（二）栽培袋的摆放

栽培袋可直接摆放在地面上，也可摆放在室内床架上。为防止地面潮湿滋生杂菌，可于码堆前在地面撒一层干石灰粉，或铺放一层地膜，然后码堆，码堆时注意轻拿轻放，以防袋口松散或菌袋破损。根据气温决定菌袋的袋层和高度。气温在20℃左右时，“井”字形堆放3～4层，25℃以上时，一般不堆放。

（三）环境控制

（1）温度管理。料堆码好后，在堆中央约20cm深处插一支温度计，以观察温度变化。气温较低时，可在堆面加适量覆盖物保温。发菌温度依栽培品种而定，一般为20~25℃，并定期观察温度变化，温度偏高时，菌丝生长弱，而且容易感染杂菌；温度过低，菌丝生长慢，且易在未发满菌丝时就出菇。为使菌丝感温一致，每隔一段时间，将床架上下层及里外放置的菌袋调换一次位置。

（2）湿度管理。发菌期间，菌丝生长繁殖所需的水分，来自培养料中，金针菇发菌阶段空气相对湿度要严格控制在70%以下，尽量不要超过80%，如遇阴雨天气地面较潮湿时，可定期向地面撒一层干石灰粉吸潮降湿。否则房间湿度过高，有利于杂菌繁殖和侵染。

（3）通气管理。发菌期间，菌丝需氧量较少，一般保持正常温度条件下，无需特殊的通气措施，但在低温季节发菌时，往往只注重保温，而忽视了培养室内废气的排出，致使室内二氧化碳浓度过高，从而影响菌丝的生长发育。在一般情况下，为保证室内空气流通，满足菌丝生长对氧气的要求，发菌期间应每天进行通风1~2次，每次20~30min。

（4）光照管理。菌丝生长不需光线，因此，发菌期间门窗应尽量用报纸或窗帘进行遮光处理。

四、污染的检查与处理

菌袋在培养过程中不能经常检查是否有污染，往往越检查越污染。因塑料袋无固定体积，检查时提袋口又放下，会造成袋口内外气体交换，产生风箱效应，袋口套环又无固定形状，棉塞未能和套环紧紧接触，杂菌易乘虚而入，造成后期污染。菌种在培养期间，一旦发现污染，须立即拣出。栽培袋污染要预防为主，做到早发现、早防治。污染严重时，应将杂菌拣出后在远离培养室的地方烧掉或深埋。

第五节　排场及出菇管理

出菇管理的场所必须先清理消毒，搞好环境卫生，然后才把菌袋搬进出菇场所，最好批进批出。出菇时应注意空气相对湿度在80%~90%，氧气充足，温度适宜，光线合理，科学管理，这样才能达到预想的目标。

一、菌丝成熟度的控制

有些食用菌品种如真姬菇、白灵菇、杏鲍菇等，菌丝后熟培养是生产中不可缺少的一个重要环节。不经过菌丝的后熟培养，则不出菇或出菇产量极低。食用菌菌丝经后熟培养，使菌丝能更充分地积累生物量，从而达到高产的目的。所谓菌丝后熟培养，是指食用菌菌丝长满袋（或瓶）后，不创造生殖生长的条件，也就是先不刺激出菇，而是继续维持其营养生长的条件，使菌丝能更充分地积累生物量，该阶段即为菌丝后熟期。

菌丝后熟时间不足，会导致出菇产量尤其是第一潮的产量不高，还会导致整个栽培周期拖长，占用栽培设施和大量管理用工，病虫害频发等，从而生产效益难以有效提高；如延长菌丝后熟期，能够达到大幅度的增产效果。

不同种类的食用菌菌丝后熟培养时间的长短是不同的，金针菇、猴头等速生型种类一般后熟时间较短，菌丝后熟培养5~7d。同一种类的不同品种后熟培养时间也有所不同，以黑木耳为例，早熟品种抗逆性强，菌丝长满袋后熟7~10d；中晚熟品种抗逆性一般，菌丝长满袋后熟30~60d。不经过菌丝的后熟培养，不出耳。

食用菌菌丝的后熟培养掌控好时间很重要，如果后熟培养时间过长，会导致菌丝老化。在一般情况下经过后熟处理食用菌菌袋洁白、菌丝浓密，菌袋坚实，贮藏了足够的养分，达到生理完全成熟，就可以采取有效措施，让其进入生殖生长。

二、菇蕾的催生

1. 调节温度

低温型菌类如金针菇、双孢蘑菇、猴头等子实体分化的适宜温度是13~18℃；中温型菌类如银耳、黑木耳等子实体分化的适宜温度是20~24℃；高温型菌类如草菇、灵芝等子实体分化的适宜温度是24~30℃。变温结实性菌类如香菇子实体分化以15℃为宜，昼夜以8~10℃的温差有利于原基出得快、多、齐；若缺乏温差，则不利于成熟菌丝扭结；对于变温结实性菌类，应利用昼夜自然温度的变化，通过白天关闭门窗以增温、晚上打开门窗以降温等措施，使菇房内的温度出现较大的温差，促使原基及早发生。恒温结实性菌类如茶树菇、金针菇、草菇、黑木耳、猴头等出菇不需要温差刺激，在较大温差下还易造成菇蕾伤亡。

2. 提高空气相对湿度

提高培养料表面的相对空气湿度，可促进子实体分化。空气相对湿度低会使培养料大量失水，阻碍子实体分化，影响食用菌的产量。可通过向菇房地面及空间喷雾的方法，使空气相对湿度达到90%以上，同时还可加强通风，创造一个干湿交替的环境，加快菌丝扭结。

3. 增加散射光照

多数食用菌在子实体分化阶段需要一定的散射光刺激，在黑暗环境中，子实体分化得慢、少、不整齐。菌袋长满后，每天卷起菇棚草帘，让日光照射一段时间（光照度大时不要直射）。日照不方便的菇房，可用灯光照射，促使菌袋及早出菇。

另可通过搔菌、拍打、喷生长激素等措施促使子实体原基及早发生，一般经过5~7d的催菇处理，即可形成大量菇蕾。

三、菇蕾的培养

1. 温度控制

菇房温度直接影响子实体生长发育。不同栽培品种出菇所要求的温度不同，在适温范围内，出菇快，菇蕾多，出菇整齐。高于适温时，子实体生长较快，菌盖变小，而菌柄伸长，降低产量与品质；低于适温，子实体生长缓慢，甚至停止生长。低温季节，注意增温保温；温度过高时，应加强通风和进行喷水降温。

2. 湿度控制

喜湿性菌类如银耳、黑木耳、平菇等对一定程度的高湿有较强的适应性，而双孢蘑菇、香菇、金针菇等菌类对高湿环境耐受力相对较差。一般菇房空气相对湿度应保持在85%~95%，湿度太低，子实体会萎缩，严重影响食用菌的产量和品质。为了提高空气相对湿度，可用地膜覆盖菌墙，晴天每天早晚向墙壁或半空中喷雾水，保持地面潮湿。阴雨天减少洒水次数或不洒水。当子实体菌盖直径达到2cm以上时，可少喷、细喷、勤喷雾状水，补足需水量，以利于子实体生长。

3. 光照调节

子实体发育需一定量的散射光，有些菇类光照不足，出菇少，色淡、畸形，直接影响其商品价值。光照会影响颜色，改变菌柄和菌盖的比例，并影响干重。平菇、金针菇、灵芝等菌类的子实体有正向光性，光源的设置应利于菌柄直立生长，改变光源方向，易致子实体畸形。不同菌类的子实体在发育阶段需要的光照度不一样，多数需要“七阴三阳”。双孢蘑菇子实体可在完全黑暗处生长，子实体在阴暗处生长的颜色洁白，菇内肥厚，菇形圆整，品质优良；光线过亮，菌盖表面变得黄而干燥。金针菇则需在微弱的光照中才能形成色浅、盖小、柄长的优质菇。香菇需“五阴五阳”的较强光照中才能形成优质菇。黑木耳在有大量的散射光和一定的直射光的环境中，才能生长出色黑、肉厚的黑木耳；在微弱的光照条件下，耳片淡褐色，甚至白色，又小又薄，产量低。

4. 空气调节

子实体生长需要大量的新鲜空气，如果通风不良，二氧化碳浓度过高，会出现畸形菇，若遇高温、高湿天气，还会导致子实体腐烂。因此，出菇期菇房内必须保持良好的通风条件，特别是用薄膜覆盖的，气温高时每天通风 3 次，每次 20～30min；低温季节，每天通风 1 次，每次 30min，以保证供给足够的氧气和排出过多的二氧化碳。氧气不足和二氧化碳积累过多时，将出现子实体畸形，表现为菌柄细长、菌盖小。有些菇需适当提高二氧化碳浓度以使菇脚伸长，如金针菇等。

四、采收

食用菌的采收期和采收方法因食用菌种类和用途的不同而异。一般应在口感最好、个体稍大时采收，兼顾外观美。这样的菇在市场上才有竞争力。双孢蘑菇在纽扣阶段采收，平菇宜在六成熟时采收，香菇宜在菌盖长至七八分成熟、边缘向内卷时采收，银耳、黑木耳在耳片达到最大生长限度时采收。采收过早或过晚都会直接影响其品质和产量。

采下的鲜菇，宜用小箩筐或小篮子盛装，并要轻放轻取，保持子实体的完整，防止互相挤压损坏。采下的鲜菇要按菇体大小、朵形好坏进行分装，以便加工。

五、休息养菌

每生长一潮菇，均要消耗掉较多的养分。因此，每潮菇采收后要暂停喷水注水，将菌袋置于较干的条件下养菌，休息养菌的时间因所栽培的食用菌种类、培养料中所含的可利用养分及菇房的环境条件（尤其是温度）的不同而有不同。一般 7～10d，待菌丝新积贮养分后，才能进行补水、催蕾，进入下一潮菇的管理。

第三章　食用菌制种技术

第一节　食用菌制种概述

一、菌种

（一）菌种的概念

在适宜的条件下，食用菌孢子、菌丝组织体或子实体组织经萌发而成的可以出菇的纯菌丝体即为菌种，其是以试验、栽培、保藏为目的，遗传特性相对稳定且可供进一步繁殖或栽培使用，通常是由菌丝体和基质共同组成的联合体。优良的菌种应具有高产、优质、抗逆性强等特性。

（二）菌种的分类

菌种因分类标准不同可进行多种分类。根据物理性状分为液体菌种、固体菌种及固化菌种；按照使用目的分为保藏用菌种、试验用菌种及生产用菌种；依据培养对象和培养料分为木质菌种（灵芝、香菇、木耳等）和草质菌种（草菇、双孢蘑菇、大肥菇等）；针对培养基的不同分为谷粒菌种、粪草菌种、木块菌种等。在实际生产中，应用最广泛的分类是根据菌株来源、生产目的、繁殖代数等把菌种分为母种、原种和栽培种。

1. 母种

经孢子、组织、菇木等分离法首次得到有结实性的纯菌丝体即为母种，又称一级种或试管种，其主要功能是用于原种的繁殖或纯种的保藏（4℃的冰箱保存）。因分离法获得的母种数量有限，通常将其菌丝再次转接到新的培养基上扩大繁殖（1 支试管母种接种10多支新试管)，能得到更多的母种，称为再生母种，生产用的母种实际上都是再生母种。

2. 原种

由母种转接到麦粒、木屑、棉籽皮、麦草等为主的培养基上，经一次扩大培养后形成的菌丝体纯培养物即为原种，又称二级菌种或瓶装种。原种的主要功能是栽培种的繁殖或小规模的生产（成本高)，通常以透明的玻璃瓶或塑料瓶为容器，1支母种可扩大繁殖6~8瓶原种。

3. 栽培种

由原种接种到相同或相似固体培养基质上，进一步扩大繁殖而成的菌丝体纯培养物即为栽培种，又称三级种、生产种或袋装种，其具有菌丝强壮、纯度低、数量多、成本低等特点，直接应用于生产或可作为菌种接种到菌床、段木、栽培袋等，但一般不能用于扩大繁殖菌种，否则将会导致菌种退化，甚至减产。常以塑料袋、塑料瓶、玻璃瓶等为容器，1瓶原种（容积为750mL）可繁殖30~50袋栽培种。

二、培养基

（一）培养基的概念及类型

1. 培养基的概念

天然或人工配制而成的适合于食用菌生长繁殖或产生代谢物的一切营养基质称为培养基。

2. 培养基的类型

依据营养来源培养基分为天然培养基、合成培养基和半合成培养基；针对培养基主料的不同分为小麦粒培养基、甘蔗渣培养基、马铃薯培养基等；根据培养基制成后的物理状态分为液体培养基（不加凝固剂)、固体培养基（1.5%~2%的琼脂）和半固体培养基（0.2%~0.5%的琼脂)；按照培养基表面形状分为斜面培养基、平板培养基和高层培养基；根据试验的特殊需求可将其分为基础培养基、鉴别培养基、加富培养基、选择性培养基等；在实际生产中，依据食用菌菌种的生产流程可分为母种培养基、原种培养基及栽培种培养基。

三、灭菌与消毒

（一）概念区分

无菌是指不含任何活菌，是一种最佳的灭菌效果。根据对微生物杀灭程度的不同而将其分为灭菌、消毒和防腐3个方法。

灭菌是指采用物理或化学的方法，杀死一切微生物的方法，是一种彻底的杀菌方法，能够杀灭包括耐高温细菌芽孢在内的一切有生命的物质。

消毒是指采用物理或化学的方法，杀灭或消除一部分微生物的方法，是一种不彻底的灭菌方法，一般只能杀死或消除物体表面、基质及环境中的微生物营养体，并不一定能杀死包括耐高温细菌芽孢在内的一切有生命的物质。

防腐是指采用物理或化学的方法，暂时防止或抑制微生物生长繁殖的方法。其实是一种暂时的抑菌方法，并不能永久的防止物品腐败霉变。

（二）常见灭菌方法

灭菌在食用菌栽培的各个环节中处于核心地位，其目的在于彻底消灭培养基质中的微生物，同时利于难溶性养分实现有效利用。常用灭菌方法如下。

1. 干热灭菌法

干热灭菌包括火焰灭菌和干热灭菌，是采用灼烧或干热空气使附在物体表面的微生物死亡的方法。前者具有杀菌温度高、灭菌时间短的特点，适用于耐热物品包括接种针、接种勺、接种铲等接种工具及试管、玻璃瓶等容器口的灭菌；后者具有干热空气穿透力差及灭菌物品容量少的特点，适用于耐高温的固体材料灭菌，如将试管、金属用具、玻璃器皿等放入烘箱在

160℃条件下保持2h可达到灭菌的效果，但不适用于塑料制品、纸张、棉塞等的灭菌。

2. 湿热灭菌法

通过高压或常压灭菌锅产生的高温蒸汽对物品进行灭菌的方法。此方法因高温蒸汽进入细胞内凝结成水并能放出潜在热量而提高杀菌温度，蒸汽具有穿透力与杀伤力强，通过使蛋白质变性、酶系统被破坏等达到杀菌的效果，被广泛应用于食用菌种植的各个环节。

(三) 常见消毒方法

消毒是一种抑制微生物生长繁殖的常用方法，其具有暂时性、不彻底性及随机性，但因成本低、简单易行、可操作性强、易推广等优点在食用菌制种工作中应用很广，如针对菌袋、器皿、工具、皮肤等表面以及接种箱、接种室、超净工作台、菇房等内部的消毒。

第二节　基本条件

一、菌种保藏

1. 设备

菌种保藏的主要设备有冰箱、生物冷藏柜、液氮罐等，其主要作用是利用低温抑制菌丝体生长来延长菌种的寿命。

2. 用品

①器具：保藏架、分装袋、分类盒、标签纸、铅笔等。

②样品：各类菌种、石蜡、沙土、滤纸片、生理盐水、蒸馏水等。

二、灭菌

1. 设备

灭菌的主要设备有灭菌桶、灭菌柜、高压灭菌锅、高压灭菌器、常压灭菌锅、高温灭菌锅炉等，其主要功能是各种容器或塑料袋的杀菌，母种、原种及栽培种培养基的灭菌。

2. 用品

①器具：铁框、耐高温手套、加水容器（塑料盆、烧杯、水壶等）等。

②样品：各种待灭菌容器、塑料袋、培养基等。

三、出菇

1. 设备

用于出菇的环境条件监测和控制，即监测菇房或菇棚的环境因素，并为食用菌出菇营造一个适宜的环境，包括温湿度监测仪、光照度计、二氧化碳和氧气测定仪、精密 pH 值测定盒、微风测速仪、升降温设施、加湿仪等。

2. 用品

①器具：遮阳网、草帘、平板车、周转筐、水管、黄板、日光灯等。

②样品：各种待出菇的栽培种、自来水、覆土材料、石灰粉等。

第三节　基本过程

一、制种场地布局

制种对食用菌生产是至关重要的，场地布局要合理。因此，在实际制种过程中，厂房的建造要从结构和功能上均能满足生产每个环节的要求，如接种室、培养室等应以 15~20m^2 为宜，数量根据生产规模确定，接种和培养室外面设置缓冲室确保干净，减少接种或培养时不必要的污染；晒料场、配料室、灭菌室、冷却室、接种室、培养室等的设置应该顺序进行（图3-1）。

二、制种基本流程

制种是使食用菌菌种大量扩繁，其基本流程通常经母种、

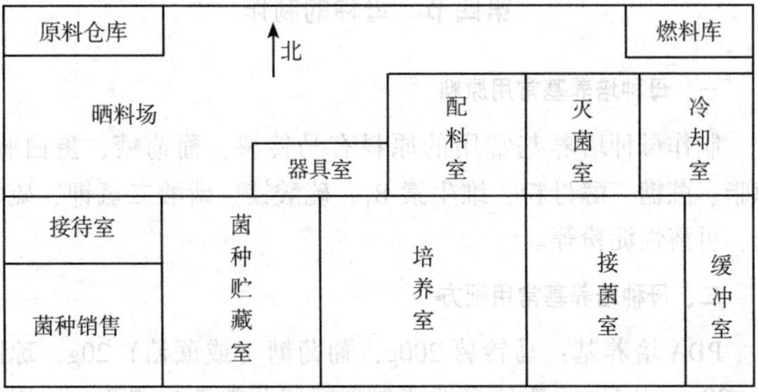

原料仓库
北
燃料库
晒料场
配料室
灭菌室
冷却室
器具室
接待室
菌种贮藏室
培养室
接菌室
缓冲室
菌种销售

图 3-1 简易食用菌制种场地布局示意图

原种和栽培种三级培养的过程（图 3-2）。

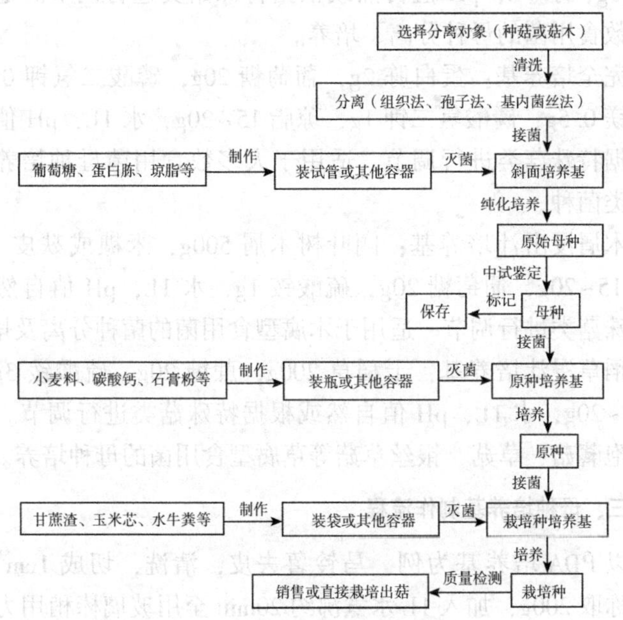

图 3-2 食用菌制种的基本流程

第四节　母种的制作

一、母种培养基常用原料

制作母种培养基常用的原料有马铃薯、葡萄糖、蛋白胨、琼脂、蔗糖、酵母粉、维生素 B_1、硫酸镁、磷酸二氢钾、硫酸铵、可溶性淀粉等。

二、母种培养基常用配方

PDA 培养基：马铃薯 200g，葡萄糖（或蔗糖）20g，琼脂 15~20g，水 1L，pH 值自然或根据特殊菇类进行调节。适用于绝大多数食用菌的母种分离、培养、保藏等。

YPD 培养基：蛋白胨 2g，酵母粉 2g，葡萄糖 20g，琼脂粉 15~20g，水 1L，pH 值自然或根据特殊菇类进行调节。适用于大多数食用菌的母种分离、培养。

完全培养基：蛋白胨 2g，葡萄糖 20g，磷酸二氢钾 0.46g，硫酸镁 0.5g，磷酸氢二钾 1g，琼脂 15~20g，水 1L，pH 值自然或根据特殊菇类进行调节。适用于大多数食用菌母种培养及保藏各类菌种。

木屑浸出汁培养基：阔叶树木屑 500g，米糠或麸皮 100g，琼脂 15~20g，葡萄糖 20g，硫酸铵 1g，水 1L，pH 值自然或根据特殊菇类进行调节。适用于木腐型食用菌的菌种分离及培养。

稻草浸汁培养基：干稻草 200g，蔗糖 20g，硫酸铵 3g，琼脂 15~20g，水 1L，pH 值自然或根据特殊菇类进行调节。适用于双孢蘑菇、草菇、银丝草菇等草腐型食用菌的母种培养。

三、母种培养基制作流程

以 PDA 培养基为例，马铃薯去皮，清洗，切成 $1cm^3$ 的小块，称取 200g，加入 1L 水煮沸约 20min 至用玻璃棒稍用力一戳即破的状态，过滤得上清液，加入葡萄糖（或蔗糖）20g，琼脂 15~20g，加热待完全溶解后加水定容至 1L，趁热分装于试管、三角瓶等容器，捆扎容器后121℃下灭菌20min，摆放斜面或倒平板，盖上干净的保暖物质或放入自制降温容器慢慢降温，以防试管或平板内产生小水珠。

四、母种分离

母种分离是食用菌栽培的前提，根据不同类型的菇种选用不同的方法将其菌丝体分离。目前，母种常见的分离方法有组织分离法、基内菌丝分离法及孢子分离法。

(一) 组织分离法

组织分离法是以食用菌子实体、菌核、菌索等为分离对象获得菌丝体的一种最常见最广泛的方法，因其属于无性繁殖，采用该方法获得菌丝体保持了亲本所有遗传特性。

(二) 基内菌丝分离法

从食用菌生长基质中将菌丝分离出来的一种无性繁殖方法即为基内菌丝分离法，根据基质的不同又可分为菇木菌丝分离、土壤菌丝分离、袋料菌丝分离等。因生长基质微生物群落的复杂性，该方法比组织分离与孢子分离污染率高，只针对菇体小而薄、有胶质或孢子不易获得等菇类。

(三) 孢子分离法

利用子实体上产生的成熟有性孢子（担孢子或子囊孢子）在适宜的培养基上萌发而获得纯菌种的一种有性繁殖方法即为孢子分离法。因有性孢子具备亲本的基本遗传特性、生命力强且突变概率大而成为选育优良新品种或杂交育种的好材料，孢子分离法有多孢分离与单孢分离之分。性遗传模式为同宗结合的菌类可采用单孢子分离法（如双孢蘑菇、草菇），而异宗结合的菌类应采用多孢子分离法（平菇、大肥菇、香菇等），否则单亲菌丝因没有经过两性细胞的结合而不育。无论采用哪种方法都要经种菇选择、种菇消毒、采集孢子、接种、培养、挑选菌落、纯化菌种的过程，最终才能获得母种。

五、母种提纯

通过上述分离方法一般都能获得纯菌丝，但也有不纯的现象，因此，必须对菌丝进行提纯。

（一）菌丝生长提纯

取分离母种菌落小块接入平板培养基中央培养，若母种是纯菌丝，伴随培养天数的增加，菌落会逐渐向四周呈辐射状散开且外缘整齐；若母种不纯，则因混有其他丝状真菌，菌丝生长速度不一，出现分泌色素分布不匀及外缘参差不齐，应及时将菌落中生长速度较为一致的部分挑取移入新的培养基上培养。

（二）菌丝尖端提纯脱病毒

在无菌条件下，利用显微操作器把菌丝尖端切下，直接移入新的培养基中央培养，通过该技术既保证了菌种的纯度，同时也可起到脱病毒的作用。

（三）择优提纯

随着转接代数的增多，母种的培养特性和栽培农艺性状会发生变异，因此，在栽培过程中应采用组织分离技术择优留种与妥善保藏，以防母种进一步发生性状变化。

（四）营养提纯

不同的生长发育阶段菌种所需要的营养存在差异，如果不及时调整营养会导致其逐渐衰退。因此，母种在扩繁及保藏过程中，适当地更换培养基成分或增加营养成分会提高菌丝的生活力，可防止其衰退。

（五）有性繁殖提纯

菌种无性繁殖次数过多，会出现生殖菌丝减少、气生菌丝增多、抗逆性减弱等菌种衰退现象。因此，适当地进行无性繁殖与有性繁殖的交替，及时保留有性繁殖所产生的优良菌种，可保持或提高后代的优良性状。

第五节　原种的制作

一、原种培养基常用原料

制作原种培养基的常用原料有小麦、高粱、大麦、燕麦、粉碎的玉米粒（半粒米大小）、石膏粉、碳酸钙、石灰粉等。

二、原种培养基常用配方

小麦粒培养基：小麦粒 98%、石膏粉 2%。

小麦粒木屑培养基：小麦粒 94%、阔叶木屑 5%、石膏粉 1%。

小麦粒米糠（麸皮）培养基：小麦粒 94%、米糠（麸皮）5%、石膏粉 1%。

枝条或筷子培养基：枝条或木制废弃筷子 75%、麸皮（米糠）20%、蛋白胨 5%。具体做法：将木制筷子认真清洗 3 次，将其与麸皮（米糠）和蛋白胨拌均匀，以水浸没筷子，水煮 40min，关掉电源继续浸泡 2h，最后捞出筷子，与过滤并稍晾干的麸皮（米糠）渣拌匀、装瓶即可。

注意：以上培养基含水量均为 60%~65%，pH 值自然或根据不同菌株要求稍作调整，其中小麦粒可以用大麦、燕麦、高粱、粉碎的玉米等谷粒代替。

三、原种培养基制作流程

以木腐菌小麦粒木屑培养基为例介绍原种具体配制方法。

（一）小麦粒预处理

风干且无病虫害的小麦粒按配方称量，用自来水清洗 3 次，倒入开水浸泡 8~12h，再水煮 15~30min（不断搅拌，以防受热不均匀）至小麦粒白芯少于 10%，关闭热源后继续浸泡 10min。

（二）小麦粒清洗与沥水

将预处理过的小麦粒用自来水清洗 3 次，沥去多余的水，摊开，晾至手心有潮湿感或少量的水印即可，备用。

（三）拌料及装瓶（袋）

称取阔叶干木屑、石膏粉与小麦粒拌匀，含水量 60%~65%，pH 值自然，建堆，闷堆 10min，使水分分布均匀后装入原种瓶（袋）中。

（四）封口

清洗干净瓶口或袋口，在原种瓶上先覆盖一层中央留有直径为 1cm 左右的耐高温塑料膜，再加 4 层报纸后用棉绳捆扎；如果是原种袋，直接在袋口安装套环（套颈圈，把塑料膜翻下来，盖上带有过滤透的无棉塑料盖）或在袋口加入一簇棉花（通气作用）后用棉绳捆扎，但不要太紧，最后用铅笔写上标签。

（五）高压灭菌

将封口的原种培养基装入高压灭菌锅或常压灭菌锅，原种瓶（袋）之间要留 1cm 左右的缝隙，以保证灭菌彻底，在121℃灭菌 2h 或 100℃灭菌 8h 以上。

（六）冷却

灭菌完成后，将已灭过菌的原种培养基趁热移入消过毒的接种室，室温慢慢冷却。

四、原种接菌

原种接种时，在无菌操作条件下，先针对母种试管表面消毒，然后用一只手拿起试管，管口向下稍稍倾斜，靠近酒精火焰区，不让空气中的杂菌侵入，另一只手拔棉塞或硅胶塞，并在酒精灯火焰上消毒接种针。待消毒完成后，在火焰区将接种针慢慢伸入试管内、冷却后，再切去试管内靠近管塞前端菌种少许，将剩余母种斜面菌苔横面切割成手指甲长的几段，每段连同培养基一起迅速移接到原种培养基上，快速塞好棉塞或硅胶塞（图 3-3、图 3-4）。一般 1 支母种斜面试管（25mm×150mm）转接 2~4 瓶原种。

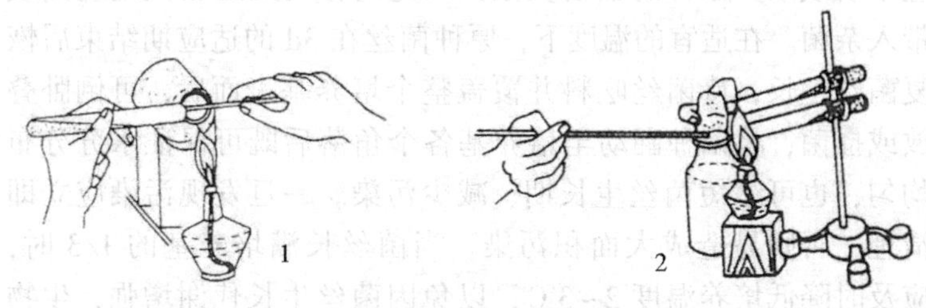

图 3–3　原种接种流程

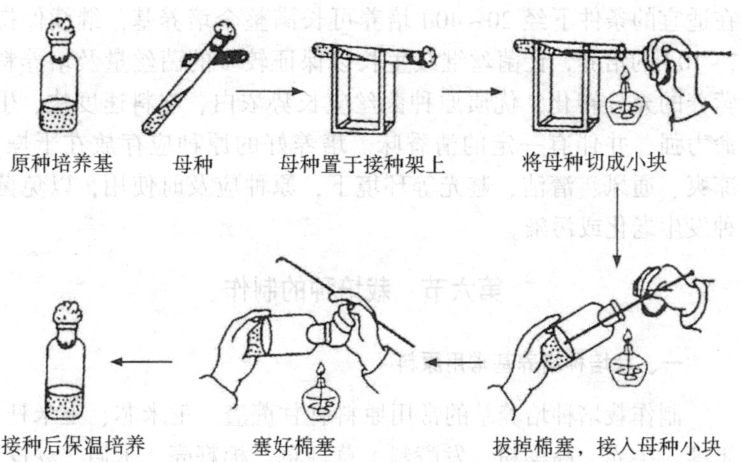

图 3–4　母种扩接原种

五、原种培养

将接种好的原种直立放置于消过毒的培养室内 25℃左右黑暗培养，也可置于 5~33℃干净室内黑暗培养，因原种比母种培养基存在菌丝分解难度大、灭菌效果不好把握、接菌面大等问题，最好根据菌种的生物学特性给予最佳培养温度，增强菌丝长势和覆盖面，防止杂菌污染。同时，菌丝生长初期需及时检查新生菌丝萌发、长势、杂菌污染等情况。在菌丝未定植之前应不动或减少原种的翻动次数，以免因移动延迟菌丝适应期或带入杂菌。在适宜的温度下，原种菌丝在3d的适应期结束后恢复菌丝生长，待菌丝吃料并覆盖整个培养基表面后，可倒卧叠放或搔菌，将菌种翻动至培养基各个角落后既可保证水分分布均匀，也可缩短菌丝生长期、减少污染。一旦发现污染应立即清理，否则易造成大面积污染。当菌丝长满培养基的1/3时，应及时降低培养温度2~3℃，以免因菌丝生长代谢增强，生物热产生过多使料温上升，引起菌丝高温障碍或烧菌。此时，培养室要加强通风换气，保持60%~70%的相对湿度。多数食用菌在适宜的条件下经20~40d培养可长满整个培养基，继续保持7~10d的培养，让菌丝继续生长以保证较多的菌丝量及培养料营养的充分转化，优质原种菌丝应长势浓白、吃料速度快、生命力强，并伴有一定的清香味。培养好的原种应存放在干燥、凉爽、通风、清洁、避光等环境下，原种应及时使用，以免菌种发生老化或污染。

第六节　栽培种的制作

一、栽培种培养基常用原料

制作栽培种培养基的常用原料有甘蔗渣、玉米芯、玉米秆、米糠、牛粪、高粱粉、发酵料、草坪草、棉籽壳、木屑、麸皮、豆饼、啤酒糟等。

二、栽培种培养基常用配方

1号：甘蔗渣68%、米糠27%、豌豆粉2%、石膏粉1.5%、白砂糖0.5%、石灰粉1%。

2号：玉米芯76%、米糠20%、高粱粉2%、白砂糖1%、石膏粉1%。

3号：木屑78%、米糠18%、高粱粉2%、白砂糖1%、石膏粉1%。

4号：发酵料50%、米糠20%、木屑15%、山基土13%、白砂糖 1%、石膏粉 1%。

5 号：小麦秆 78%、米糠 18%、高粱粉 2%、白砂糖 1%、石膏粉 1%。

6 号：草坪草 40%、木屑 38%、米糠 20%、白砂糖 1%、石膏粉 1%。

7 号：干牛粪 40%、草坪草 20%、米糠 20%、木屑 18%、白砂糖 1%、石膏粉 1%。

注意：以上培养基含水量均为 60%~65%，pH 值自然或根据不同菌株要求稍作调整。

三、栽培种培养基拌料原则

在栽培种拌料过程中，应把握“由细到粗、由少到多、由干到湿”的原则，即在一般情况下，根据料的粗细程度，依次将细料拌入粗料，量少的依次拌入量多的培养料，干料与干料先混合，再加水，但也有特殊情况，比如玉米芯、棉籽壳、大块干牛粪等吸水慢或容易加水过多的培养料应提前预湿。

四、栽培种培养基制作流程

以 2 号培养基为例介绍栽培种具体配制方法（图 3-5）。

（一）备料及预处理

按配方分别称取玉米芯、米糠、高粱粉、白砂糖、石膏粉，其中玉米芯事先拌入 65%水预湿 2h，白砂糖溶解于自来水，制成溶液。

（二）拌料

采取上述拌料原则，依次将石膏粉、高粱粉、米糠、玉米芯混合，加入白砂糖溶液，再补水至含水量达到 60%~65%（手抓紧湿料，指缝有水滴但悬而不漏），pH 值自然，闷堆 10~20min，备用。

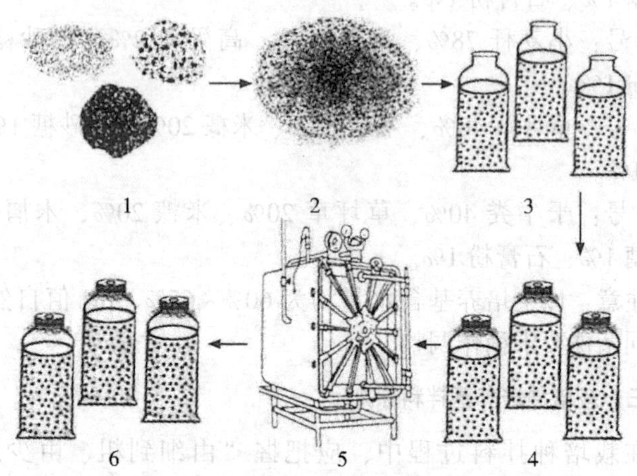

图 3-5　栽培种培养基制作流程

1. 备料及预处理；2. 拌料；3. 装袋；4. 封口或封盖；5. 高压或常压灭菌；6. 冷却

（三）装袋

1. 选择食用菌专用栽培袋

食用菌栽培塑料袋有聚丙烯、低压高密度聚乙烯和高压低密度聚乙烯 3 种，其中以聚丙烯和低压聚乙烯最常用。

①聚丙烯袋：透明度好，能承受 135℃的高温，但其耐低温性能差，柔韧性也略差，冬季使用不便，适于高压灭菌或常压灭菌（高压灭菌最好使用聚丙烯袋）。

②低压高密度聚乙烯袋：半透明、韧性强、柔软及抗拉强度高，能承受 120℃的高温，适于进行常压灭菌。

③高压低密度聚乙烯袋：透明、柔软，只能承受 100℃的高温，抗拉强度较差，一般不用于食用菌栽培。

2. 装袋

待湿料水分分布均匀后，利用装袋机或人工进行装袋，装料要求松紧适度，上下均匀一致，料面平整，比如 17cm×33cm

规格的可装湿料 0.9～1kg，14cm×25cm 规格的可装湿料 0.4～0.6kg。先装入袋高的 2/3，用手慢慢向下压紧 1/2 处，再装满菌袋，继续用手慢慢向下压紧至袋口 7～8cm 处，最后向中央插入带有棉绳的接种棒（图 3−6）。

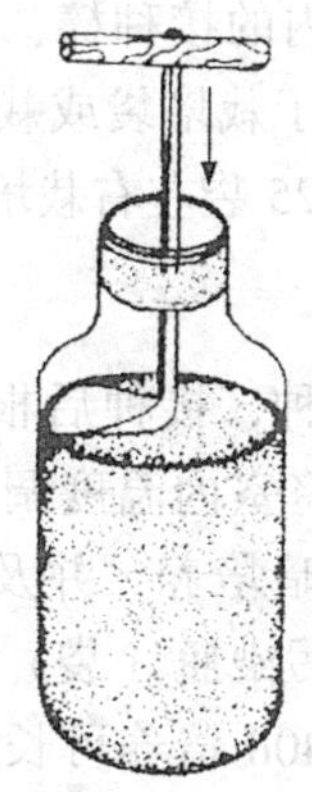

图 3−6　栽培种的装袋

（四）封口或封盖

清洗干净塑料袋口，在栽培袋上套颈圈，把塑料膜翻下来，包上包头纸或直接在袋口安装套环（套颈圈，直接盖上带有过滤透气的无棉塑料盖），如果条件不好，可在袋口加入一簇棉花（通气作用）后用棉绳轻轻捆扎。

（五）高压或常压灭菌

将封口或封盖的栽培种培养基装入高压灭菌锅或常压灭菌锅，栽培袋之间要留 1cm 左右的缝隙，以保证灭菌彻底，在 121℃灭菌 2h 或 100℃灭菌 8h 以上。

（六）冷却

灭菌完成后，将灭过菌的栽培种培养基趁热移入消过毒的接种室，室温慢慢冷却。

五、栽培种接菌

栽培种的接菌类似于原种接菌，首先，对栽培袋、原种瓶外壁表面消毒；其次，在无菌操作条件下，将接种勺在酒精灯火焰上灼烧后慢慢移入原种瓶内，冷却；最后，去掉上层老化菌丝以及栽培袋或栽培瓶内的接种棒，再用勺子将麦粒种混匀或直接迅速接 1~3 勺菌种于栽培袋或栽培瓶即可。通常 1 瓶原种可接 50~80 瓶栽培种或 25 袋左右栽培种。

六、栽培种培养

栽培种的培养类似原种，接种后根据菌种的生物学特性，置于消过毒的培养室内，将室内温度调节至适宜于其菌丝生长的温度（25℃左右）下黑暗培养，并及时检查新生菌丝萌发、长势、杂菌污染等情况，污染瓶（袋）应及时处理。多数食用菌在适宜的条件下经 30~40d 培养可长满整个培养基，供栽培使用。

第七节　液体菌种的制作

食用菌接种于液体培基中，经无性繁殖而成的菌丝球即为液体菌种，其可作母种、原种及栽培种，具有生产周期短、接种方便、发菌快、菌龄较一致、易于机械化操作等特点。在实际生产中，液体菌种生产因设备投资大、技术要求高、菌种运输复杂及保存周期短等而应用不多，只在香菇、黑木耳、草菇等部分菇类上有所推广，但随着科学技术的不断进步，该技术作为食用菌菌种制作与生物发酵技术的有机结合，在食用菌菌种制作上将是一个很有发展前景的方向。

一、液体培养基常用原料

制作液体菌种培养基常用原料有玉米粉（面）、黄豆、豆饼粉、马铃薯、葡萄糖、蛋白胨、麸皮、白砂糖、磷酸二氢钾、硫酸镁、维生素、酵母浸膏等。

二、液体培养基常用配方

马铃薯麸皮液体培养基：马铃薯 200g，麸皮 50g，葡萄糖 20g，蛋白胨 3g，水 1L，pH 值自然或根据特殊菇类进行调节，其中马铃薯要去皮、挖眼，切成 $1cm^3$ 的小块后与麸皮文火水煮 30min。适宜于多种食用菌液体菌种培养。

玉米粉液体培养基：玉米粉 30g，蔗糖 10g，磷酸二氢钾 3g，硫酸镁 1.5g，水 1L，pH 值自然或根据特殊菇类进行调节，其中玉米粉需提前加入干重 0.1%的 α-淀粉酶水解 5h，取滤液。适宜香菇、平菇、猴头菇等多种食用菌液体制种。

黄豆玉米粉液体培养基：玉米粉 30g，黄豆 5g，白砂糖 30g，水 1L，pH 值自然或根据特殊菇类进行调节，其中玉米粉需加入干重 0.1%的 α-淀粉酶，黄豆打浆后加入干重 0.1%的蛋白酶均水解 5h 后，取滤液。适宜荷叶离褶伞、平菇、凤尾菇等多种食用菌液体制种。

三、液体菌种制作流程

除不加琼脂外，液体菌种培养基制作过程与母种类似。制作完成后，一般要经历摇床菌球培养、一级种子培养基的制作及培养和二级种子培养基的制作及培养流程才能应用于生产。

（一）摇床培养基配制

按配方称取培养基各成分，针对马铃薯、玉米粉、黄豆等进行营养成分的提取，滤液要进行过滤，培养液越清越好。摇床培养基分装容器一般是三角瓶，最后要用透气的耐高温塑料膜封口、捆扎，在高压灭菌锅内 121℃下灭菌 20~30min，冷却后趁热（30℃左右）接菌，1 个三角瓶一般接直径为 5mm 的菌落 3 块。

（二）摇床菌球培养

液体培养基接种后一般先静置培养 24h 左右（增强菌丝的适应能力和成活率），置于摇床后，根据不同菌株特性，选择适宜的温度和转速进行遮光培养，一般采取25℃下转速120r/min。

（三）污染检查

在培养过程中，应及时观察菌丝生长情况，如菌丝萌发及菌球形成时间、培养液及菌球颜色的变化、菌球大小等，及时处理培养异常现象，如菌球太大，说明转速太慢；菌球生长速度慢，说明培养基不适宜或通气不良；培养基浑浊，说明有可能是细菌污染等。

（四）一级种子培养基制作及培养

一级种子培养基的制作过程与摇床培养基相同，但不用分装，将培养液倒入小型发酵罐（20L左右的小型发酵罐一般倒入15L培养基）后直接灭菌，121℃下灭菌20~30min，冷却后趁热（30℃左右）接种，接种量为5%~10%，一般每20L的小型发酵罐要接种15瓶摇床培养菌球（250mL三角瓶装有100mL菌球）。接种后，选择适宜的温度和转速进行遮光培养，培养过程中应及时检查污染情况。

（五）二级种子培养基的制作及培养

二级种子培养基的制作、灭菌、接菌及培养与一级种子相同。

四、液体菌种质量检测

液体菌种每次发酵结束后，需要针对污染情况，发酵液的颜色、气味、酸碱度、浑浊度、多糖及氨基酸含量，菌球的颜色、大小、数量、干湿重，溶氧系数等质量进行检测，任何一个环节的疏忽或失败将会造成重大的经济损失。只有菌球（均匀地分布、数量多、体积小、干湿重大）、发酵液（清澈、无异味且有菌种的特别香味）的生物、物理和化学性状符合规定标准，该液体菌种才是合格的菌种。

第八节　菌种的鉴定与保存

优质的菌种是生产的基本材料，没有优良的菌种，就不可能获得高产和稳产。因此，菌种的科学保藏是其优良特性延续的保证。

一、菌种的评价

菌种评价主要是通过肉眼观察、显微菌丝检查、生活力检测、栽培试验来衡量未知或已知菌种质量的好坏，其中栽培试验是目前最有效、最直接、最可靠的办法。

（一）肉眼观察

利用肉眼直接观察待检测的菌种，首先要看其标签上菌株名称是否所需，容器（试管、培养皿、玻璃瓶等）是否破损，硅胶塞或棉花塞是否松动，容器内污染与老化情况，菌丝是否粗壮、均匀整齐、长势好、连接成块、有弹性及无吐黄水现象等，培养基是否湿润、无原基或幼菇形成及与容器壁紧贴，菌种色泽、有无斑块及抑制线，菌种是否有其特有的香味，手捏原种或栽培种料块检查其含水量是否达标等。

（二）显微菌丝检查

利用显微镜观察菌丝结构，优质的菌种其菌丝一般透明、有横隔、粗壮、分支多、细胞质浓度高且颗粒多等，若有锁状联合现象的菇类，可观察到明显的锁状联合结构。

（三）生活力检测

以供鉴菌种为测试对象，在无菌操作下取直径为5mm左右的菌落接入新培养基上，在最适的培养条件下培养一段时间，测定菌丝是否具备萌发和吃料快、生长迅速、长势健壮、整齐且浓密等优良菌种的特点。

（四）栽培试验

栽培试验是检测菌种主要的方法，将待检测的菌种通过母种、原种及栽培种的制作流程来评价其实际生产能力，在最适的培养条件下观察是否达到菌丝生长速度快、长势好、吃料能力强、出菇周期短且出菇整齐、子实体形态正常且抗逆性强、产量和品质好、转茬快且出菇茬次多等优质菌种的标准。

二、菌种的选购

作为菇农或科研工作者，直接购买菌种是一条很简单的途径，但要注意以下几点。

（一）视觉观察

在购买的过程中，一方面，应仔细检查包装情况，尤其是菌种分装容器有无破损；另一方面，检查菌种是否具备“纯、正、壮、润”特点，优质菌种不允许有杂菌感染即为纯；菌丝色泽为菌种固有，培养料菌丝应无变色、松散、吐黄水、长子实体原基等现象即为正（金耳除外）；菌丝在新旧培养基上均长势旺盛、浓密、吃料快、分支多且粗壮即为壮；培养基质不允许出现与容器壁分离现象，含水量适宜即为润。

（二）手测检查

手测法既可通过重量判断菌种失水和菌龄情况，又可检测分装菌种的容器其硅胶塞或棉花塞松紧度情况，过松则容易透气但感染杂菌概率高，过紧则菌种长期透气性差而导致菌丝弱，短时间内很难恢复生长。

（三）嗅觉辨别

纯菌种有其特有的香味，随机抽取菌种样品，拔掉硅胶塞或棉花塞，鼻子靠近容器口通过嗅觉来辨别菌种是否发出臭、酸、霉等气味，若存在证明样品菌种已污染。

三、菌种的保存

根据不同菌种的遗传和生化特性，通过低温、干燥、缺氧等手段，人为创造不利于菌种新陈代谢的环境，使其生命处于休眠及代谢活动处于较低的状态，从而达到延长寿命并保持原有的性状，最终防止死亡、污染和退化的技术即为菌种保存。

食用菌菌种保存的方法很多，但原理大同小异，如低温菌种保存法、液体石蜡保存法、滤纸片保存法、继代保存法、安瓿瓶保存孢子法、液氮超低温保存法、砂土管保存法、自然基质保存法、生理盐水保存法、冷冻真空干燥法等。

第四章　食用菌高效栽培技术

第一节　平菇栽培

一、概述

平菇在真菌分类上属于担子菌亚门、伞菌目、侧耳属，学名为糙皮侧耳，又称北风菌。各地也有不同的名称，如美味侧耳、鲍鱼菇、凤尾菇、金顶蘑、栎蘑等。

平菇除了含有人体必需的 8 种氨基酸外，还含有丰富的维生素 B_1、维生素 B_2 和维生素 PP，还含有草酸等，是一种味道鲜美、营养丰富的食用菌。经常食用平菇，对降低血压、减少胆固醇有明显作用。

二、平菇栽培管理技术

平菇有很多种栽培方法，根据栽培的场地、栽培的容器、对培养料处理方法和栽培管理的不同，分为室外阳畦栽培、室内菌床栽培、人防工事栽培、塑料大棚栽培、塑料袋栽培、熟料栽培、半生料栽培、生料栽培、菌砖栽培、瓶栽、箱栽、两段栽培等。但是各种方法在实践中不是截然分开的，如熟料袋栽、室外塑料大棚栽培等。

（一）栽培季节

平菇栽培的季节主要取决于栽培的温度和方法，根据平菇在菌丝生长和子实体形成时期对温度的要求，在不同的季节播种应选择不同温度类型的品种，各地应以当地气候条件为依据，灵活掌握。首先必须满足子实体形成和生长所需要的温度，再考虑满足菌丝生长所需的温度。一般实行春、秋两季栽培，每年9月中旬至翌年3—4月均可进行栽培。如果采用生料栽培以11月下旬至翌年的2月为适宜，因为这时自然气温通常在20℃以下，虽然菌丝生长慢，但不利各类杂菌的生长。所以这段时间是平菇栽培的安全期，一般不会发生污染。

（二）培养料配方

栽培平菇培养料配方有很多种，目前常用的培养料配方有以下几种。

1. 棉籽壳培养料配方

（1）棉籽壳97%，石膏1%，石灰1%，过磷酸钙1%。

（2）棉籽壳87%，米糠或麸皮10%，石膏1%，石灰1%，过磷酸耗1%。

（3）棉籽壳96.5%，石膏1%，过磷酸钙1%，石灰1%，尿素0.5%。

（4）棉籽壳97.75%，石膏1%，石灰1%，氮、磷、钾复合肥0.25%。

2. 秸秆培养料的配方

（1）稻草93.85%，石膏1%，玉米粉5%，尿素0.15%。

（2）稻草55%，棉籽壳42%，石膏1%，石灰1%，过磷酸钙1%。

（3）稻草87%，麸皮10%，棉好饼或花生饼、豆饼粉2%，石膏0.5%，石灰0.5%。

（4）麦秸96.5%，石膏1%，过磷酸钙1%，石灰1%，尿素0.5%。

3. 其他培养料的配方

（1）木屑77%，麦麸或米糠20%，糖1%，石膏粉1%，石灰1%。

（2）玉米芯77%，棉籽壳20%，糖1%，石膏粉1%，石灰1%。

（3）玉米秸88%，麦麸10%，石膏粉1%，石灰1%。

(4) 玉米渣 78%，棉籽壳 20%，石膏粉 1%，石灰 1%。

(5) 粉碎的花生壳 77%，麦麸 20%，糖 1%，石膏粉 1%，石灰 1%。

(6) 粉碎的花生壳与秸秆 78%，棉籽壳 20%，石膏粉 1%，石灰 1%。

(三) 平菇袋栽技术

塑料袋栽培平菇既省工，又便于管理，还能充分利用菇房空间。它不仅适用于室内栽培，而且也适于在塑料大棚、人防工事等地方栽培。因其移动方便，更可进行两段栽培。还可以放入稻田、玉米地、蔬菜地，与水稻、玉米、蔬菜间作。

1. 塑料袋栽技术

(1) 培养料的选择　栽培平菇的培养料很多，如棉籽壳、稻草、麦秸、玉米芯、甘蔗渣、其他作物秸秆等，可因地制宜选择。但不管选择何种原料，均要求新鲜、干燥、无霉变。除上述主料外，还应根据平菇对营养的需求加入少量的石膏、石灰、米糠或麸皮、磷肥等。

(2) 拌料　配方选好以后，应选择非雨天时进行拌料。拌料之前将溶于水的物质如石膏、磷肥等先溶于水，不溶于水的物质如麸皮等与干料先混合均匀，然后按料水比 1：(1.3~1.4) 的比例加入上述水溶液拌料。要求拌料均匀，含水量适中，掌握含水量适宜的标准是：用手抓一把培养料握紧，指缝中如有 2~3 滴水滴下即为适宜。

(3) 装料　根据灭菌方式不同，可选用不同材料制作的塑料袋：高压灭菌宜选用聚丙烯塑料袋；常压灭菌宜选用聚乙烯塑料袋。早秋栽培，栽培袋为宽 22~24cm、长 50~55cm、厚 0.04~0.05cm；春季栽培，栽培袋为宽 18~20cm、长 45~50cm、厚 0.04~0.05cm。装料时，先将袋的一头在离袋口 8~10cm 处用绳子（活扣）扎紧，然后装料，边装边压，使料松紧一致，装到离袋口 8~10cm 处压平表面，再用绳子（活扣）扎紧，最后用干净的布擦去沾在袋上的培养料。

(4) 灭菌　灭菌不论采用常压灭菌或高压灭菌，装锅时要留有一定的空隙或者呈“井”字形排垒在灭菌锅里，这样便于空气流通，灭菌时不易出现死角。如采用高压蒸汽灭菌，加热升温后，当压力表指向 0.05MPa 时，放净锅内的冷空气；压力表指向 0.15MPa 时，维持压力，开始计时，2h 后停止加热，自然降温，让压力表指针慢慢回落到“0”位，先打开放气阀，再开盖出锅。采用常压蒸汽灭菌，开始加热升温时，火需旺、要猛，从生火到炉内温度达到 100℃ 的时间最好不超过 4h，否则会把料蒸酸蒸臭；当温度到 100℃后，要用中火维持 8~10h，中间不能降温；最后用旺火猛攻一阵，再停火焖一夜后出锅。

(5) 播种　一般采用两头播种：解开一头的袋口，用锥形木棒捣一个洞，洞尽量深一点，放一勺菌种在洞内，再在料表放一薄层菌种，播后袋口套上颈圈，袋口向下翻，使形状像玻璃瓶口一样，再用 2~3 层报纸盖住颈圈封口。再解开另一头的袋口，重复以上操作过程。为降低成本，颈圈可以自制，即用 1cm 宽的编织带，剪成长 15~18cm 的小段，在火上灼烧接成直径为 3~4cm 的圈。早秋气温高，空气中杂菌活动频繁，播种时稍有疏忽极易造成杂菌污染。播种时应注意以下几点：①播种要严格按照无菌操作程序进行；②料袋温度在 28℃ 左右播种较好；③灭菌出锅的菌袋要在 1~2d 内及时播种，菌袋久置不播种会增加杂菌感染率，制袋成品率显著下降；④高温期，接种箱内采用酒精灯火焰杀菌，箱温可达 40~50℃，极易灼伤和烫死菌种，因此播种要尽量安排在早晚或夜间进行，有条件可以安装空调降低接种室温度，能有效地减少杂菌感染；⑤适当加大播种量，使平菇菌丝在 1 周内迅速封住袋口的料面，阻止杂菌入侵，提高播种成功率。

(6) 发菌期管理　平菇播种后，温度条件适宜才能萌发菌丝，进行营养生长。菌袋堆积的层数应根据播种时的气温而定：气温在 10℃左右，可堆 3~4 层高；18~20℃，可堆 2 层；20℃

以上时，可将袋以“井”字形排列6~10层或平放于地面上，以防袋内培养料温度过高而烧死菌丝。大约15d后，袋内料温基本稳定后，再堆放6~7层或更多层。这个阶段要注意杂菌与病虫害的发生，促使菌丝旺盛生长。应根据发菌生长的不同时期进行针对性的管理。

(7) 出菇期管理　当见到袋口有子实体原基出现时，立即排袋出菇。两头播种的菌袋，一般垒成墙式两头出菇，即在地面铺一层砖，将袋子在砖上逐层堆放4~5层，揭去袋口的报纸。根据子实体发育的5个时期，抓住管理要点。

①原基形成期：播种30d以后，即菌丝发满袋3~5d，要求通风良好，有充足的散射光。这时关键是创造一个较大的温差环境，昼夜温差最好在10℃以上，经3~5d袋口可见子实体原基。

②桑葚期：此期不能把水直接浇在菌蕾上，可向空间喷水，空气相对湿度控制在85%~90%为宜；在温度适宜条件下维持2~3d。

③珊瑚期：必须加强通风换气，温度控制在7~18℃，空气相对湿度控制在85%~95%。

④成形期：此期可根据培养料和空气相对湿度进行喷水，每天喷2~3次，以培养料不积水为宜，温度控制在7~18℃，空气相对湿度为90%~95%，并保持空气新鲜。

⑤成熟期：当菌盖直径达8cm左右，颜色由深变浅时就可采收。

总之，出菇阶段要加强出菇场所水分、光照和通风的管理。子实体生长需要大量水分。气温高的天气蒸发量大，培养料与子实体极易干燥失水。因此要根据子实体生长的不同时期，采用向空间或向料面直接喷水的方法，保持空气相对湿度在85%~95%。为减少菌袋水分蒸发，可在菌袋上面覆盖一层遮阳网，向遮阳网上喷水。这样，不仅能提高保湿效果，还可以避免喷水对菌丝造成的直接损伤；此外，还要注意给予一定的散射光；

并在清晨、晚间通风换气，保持充足的新鲜空气。

(8) 采收气温高的天气平菇生长快，子实体从现蕾到成熟只需5~7d，当菇盖展开度达八成，菌盖边缘没有完全平展时，就要及时采收。采收方法是：用左手按住培养料，右手握住菌柄，轻轻旋转扭下；也可用刀在菌柄基部紧贴斜面处割下。一般隔天采收一次，采收前3~4h不要喷水，使菇盖保持新鲜干净，采收时连基部整丛割下。轻拿轻放，防止损伤菇体。

(9) 转潮期管理　转潮期是指从一潮菇采摘结束到下一潮菇子实体原基出现的时间。每批菇采收后，要将袋口残菇碎片清扫干净，除去老根，停止喷水3~4d，待菌丝恢复生长后，再进行水分、通气管理，经7~10d，菌袋表面长出再生菌丝，发生第二批菇蕾。

平菇在出菇期，水分管理是平菇优质高产的第一大管理要素，也就是说，必须千方百计使空气相对湿度在85%~95%，培养料含水量在65%~70%。

2. 半熟料袋栽

(1) 培养料的堆制发酵　堆制发酵的作用：一是在堆制过程中，堆内温度可升到63℃以上，能杀死培养料内病菌和虫卵，起到高温杀菌的作用；二是使料内的营养成分由原来不能被菌丝吸收状态变为可吸收利用状态；三是经堆制发酵后的培养料，质地松软，保水通气性能好，适于菌丝的生长发育。

堆制场地要选在地势较高，背风向阳、距水源近而且排水通畅的地方，地面要夯实，打扫干净。一般播种前7~9d进行。堆制材料不同，处理方法也不同：秸秆切成1~2cm长，浸泡1~2d，然后捞起滤去水分；棉籽壳可直接堆制发酵。

堆制发酵的步骤：

①建堆：先在地面上铺一些高粱秆或玉米秆，以利于通气。堆的大小要适中，松紧要适宜，堆形要做成馒头状。堆好以后，上盖草席或塑料薄膜，以便保持温度和湿度，但2~3d以后要去掉薄膜，以免通气不良，造成厌气发酵。

②翻堆：在培养料堆制过程中，要进行多次翻堆，翻堆的作用是调节堆内的水分条件和通风条件，促进微生物活动，加速物质的转化。翻堆的方法是把料堆扒开，将料抖松，将堆内外、上下的培养料混合均匀，并喷水调节湿度和 pH 值、添加辅料。在正常情况下，建堆后 2~3d 堆温开始上升，温度可达 70~80℃。温度达到高峰后，可维持 1~2d，然后进行翻堆，翻堆后重新建堆。第一次翻堆后经 1~2d，堆温很快就上升到 75℃左右，可进行第二次翻堆。如此进行 2~3 次，且每次间隔都比上一次翻堆时间缩短 2d。最后一次翻堆要调节好水分、pH 值，加入 0.3%的多菌灵或其他杀虫杀菌剂将料拌匀待用。

堆制发酵的注意事项：选择晴朗的天气；升温要快，温度要高；翻堆要认真，不夹带生料。

（2）装袋、播种选用宽 18~22cm、长 40~50cm、厚 0.04~0.05cm 的塑料袋。装袋、播种前，先离袋口 8~10cm 处将袋的一端用绳扎好（活结）；培养料装入袋内 1/2 时加入菌种一层；再装料至离袋口 8~10cm 时加 1cm 厚的菌种封面，用绳子扎好口；然后解开另一端的袋口，加 1cm 厚的菌种封面后，再用绳子扎好口。如果气温较高，绳子扎口改为套颈圈封口更好。一般视袋子的长度和栽培时的温度，可以 2 层料 3 层菌种或 3 层料 4 层菌种。装袋时要注意使料松紧一致，每层料的厚度也应尽量一致。

（3）发菌期管理　发菌要求在清洁，干燥、通气良好、无光线的培养室内进行。菌袋不论怎样堆放，都要保证袋内温度在 28℃以下，若袋温降不下去，应疏散菌袋，分室培养。

发菌期其他管理方法同熟料袋栽。

（4）出菇期管理　出菇期管理方法与熟料袋栽相同。

3. 生料袋栽

生料袋栽的时间只能在自然温度低于 20℃时进行，并且培养料一定要新鲜、质量好。在常规配方中加入 0.3%的多菌灵或其他杀虫杀菌剂拌料，pH 值调至 9.0~10.0。料拌好后，要立即装袋、播种，播种量要高于半熟料袋栽，并保证袋内温度在10~20℃，在防止烧菌和防杂菌污染的基础上，使菌丝尽快萌发、吃料、快速生长。其他同熟料袋栽。

第二节　香菇栽培

一、概述

香菇又名香蕈、冬鹿、香菌。属于真菌门，担子菌亚门，伞菌目，口蘑科，香菇属，是世界上最著名的食用菌之一。主要分布在中国、日本、朝鲜、越南等国。野生香菇在我国分布范围很广，浙江、福建、安徽、江西、湖南、湖北、广东、广西壮族自治区（全书简称广西）、云南、四川都有分布。香菇是我国山区传统土特产品和出口商品。我国传统的人工砍花栽培技术早在800多年前就已基本定型，并一直沿用至20世纪初。日本在20世纪30年代创立了人工接种新技术。我国在20世纪60年代中期开始推广纯菌种接种生产技术，20世纪70年代中期开始用木屑代替段木生产香菇，20世纪80年代，福建创立了“古田模式”香菇生产技术，仿天然条件栽培香菇，缩短了生产周期，提高了产量，以后“香菇半熟料开放式栽培”技术和“马尾松有害物质简易除去法香菇生产技术”等新技术不断产生，使我国香菇产量不断提高，超过日本，成为世界香菇第一出口大国。

二、香菇栽培管理技术

香菇栽培常见的栽培方法有段木栽培和代料栽培。

（一）段木栽培

段木栽培就是利用一定长度的阔叶树段木进行人工接种、栽培食用菌的方法。一般经过选树、砍树、截断、打孔、接种、发菌、出菇管理、收获等过程。香菇的段木栽培生产步骤如下。

1. 选择菇场

选择场所需要兼顾林木资源、水源、地形、海拔等条件。

菇场周围应有水源、菇木资源以及高大树木遮阳。菇场应坐北朝南，西北方向日照不足，易受寒风袭击。一般采用两场制，即将“发菌场”和“出菇场”分开。出菇场的选择，应根据香菇的生物学特性，创造适合于香菇生长发育的环境条件，能给予其出菇期的温度、湿度、光照控制条件。

2. 准备段木

（1）菇树的选择　段木栽培选用的树木以桦、杨、柳、枫、栎树等阔叶树较好，松、柏、杉等针叶树因含有酚类等芳香性物质，对菌丝的生长有一定的抑制作用，通常不用。一般选用树皮厚薄适中（0.5~1cm），不易脱皮，具有很好的保温保湿、隔热、透气性能，具有一定弹性；木质比较坚实、边材发达、心材较少、树皮较厚又不易脱落的木材。直径要求在10~20cm粗的树木为好。

（2）适时砍树　休眠期是砍树的最佳季节。在休眠期，树叶中的营养物质转移至树干和根部贮存，形成层停止活动，砍下的树木营养物质含量高，有利于种菇。黄叶凋落时节，为休眠期中树木形成层养分最多和树皮最紧的时期，此时砍树最好。

（3）适当干燥　通常将砍伐后的菇树称作原木，将去枝截断后的原木称作段木。进行原木干燥，实质上就是为了调节段木含水量，以利于香菇菌丝在段木中定植生长，段木含水量在40%~50%时接种较易成活。段木含水量太高霉菌易侵入；含水量太低，接种后菌种易失水干缩，难以成活。干燥的时间不能一概而论，常以干燥后没有萌发力为度，或以接种打孔时不渗出树液为宜。一般说来宁可湿些，也不可太干，因此一定要适当干燥。

（4）剃枝截断　原木干燥后，应及时剃枝截断。这项工作应在晴天进行。把原木截成1~1.2m长的段木。截断后段木两端及枝桠切面要用5%石灰水或0.1%高锰酸钾溶液浸涂，以防杂菌感染。

3. 段木接种

（1）接种季节的确定　人工栽培香菇，在气温 5~20℃范围内均可接种，其中，以月平均气温 10℃左右最为适宜。一般年份，长江流域接种季节在春季，2 月下旬至 4 月底，最好在清明前过定植关。华南地区冬季气温常在 2~3℃以上，可在 12 月至翌年的 3 月接种。华东地区最适接种季节为 11 月下旬至 12 月上旬。

（2）菌种的选择　选菌龄适宜、生命力强、无杂菌、具有优良的遗传性状、适合段木栽培的优质菌种。可用木屑菌种、枝条菌种或木块菌种等。

（3）打眼接种　打眼工具一般用电钻或打孔器，钻头直径一般为 1. 2~1. 3cm，用工具在段木上打孔，接种穴多呈梅花状排列，行距 5~6cm，穴距 10~15cm，穴深 1. 5~1. 8cm。打好孔后，取一小块菌种塞进穴内，装量不宜过多，以装满孔穴为止，切忌用木棒等物捣塞。菌种装完后，在孔穴上面立即盖上树皮，用锤子轻轻敲打严实，使树皮最好和段木表面相平，不能凸出也不能凹陷。树皮盖的厚度以 0. 5cm 为宜，太薄时易被晒裂或脱落。条件好的，还可用石蜡封口。石蜡封口材料的配方是：石蜡 75%，松香 20%，猪油 5%，加热熔化调和，待其稍冷却后，用毛笔蘸取涂抹于盖口，冷却后即黏着牢固。

4. 发菌期的管理

接种后的段木称作菇木或菌材。发菌是根据菇场的地理条件和气候条件，对堆积的菇木采取调温、保湿、遮阳和通风等措施，为菌丝的定植和生长创造适宜的生活条件。

5. 出菇期的管理

（1）补水催蕾　成熟的菇木，经过数个月的困山管理，往往大量失水，同时菇木上子实体原基开始形成，并进入出菇阶段，对水分和湿度的需求随之增大。菇木中水分若不足，就影响到出菇，因此一定要先补水，再架木出菇。补水的方法主要有浸水和喷水两种。浸水就是将菇木浸于水中12~24h，一次补足水分。喷水则首先将菇木倒地集中在一起，然后连续4~5d内，勤喷、轻喷、细喷，要喷洒均匀。补水之后，将菇木井字形堆放，一般在12~18℃温度下，2~5d后就可陆续看到“爆蕾”。

(2) 架木出菇　补水后，菇木内菌丝活动达到高峰，在适宜的温差刺激下，菌丝很快转向生殖生长，菌丝体在菇木表层相互扭结，形成菇蕾。为了有利于子实体的生长，多出菇，出好菇，并便于采收，菇木就应及时地摆放在适宜出菇的场地，并摆放为一定的形式，即架木出菇。架木出菇主要有“人”字形架木出菇和覆瓦状架木出菇两种方式。

6. 采收

当香菇子实体长到七八成熟时，菌盖尚未完全展开，边缘稍内卷呈铜锣边状，菌幕刚刚破裂，菌褶已全部伸直时，就应适时采摘。如果采摘过早，就会影响产量，过迟采摘则会影响品质。

采摘香菇的方法为：用手指捏住菇柄基部，轻轻旋转拧下来即可。注意不要碰伤未成熟的菇蕾。菇柄最好要完整地摘下来，以免残留部分在菇木上腐烂，引起病菌和虫害，影响今后的出菇。上冻前收菇后便进入越冬管理。

7. 越冬管理

在较温暖的地区，段木栽培香菇的越冬管理较简单，即采完最后一潮菇后，将菇木倒地、吸湿、保暖越冬，待来年开春后再进行出菇管理。在北方寒冷的地区，一般都要把菇木井字形堆放，再加盖塑料薄膜、草帘等保温保湿安全越冬。

(二) 代料栽培

代料栽培香菇主要分成压块栽培和袋栽两种方式。压块栽培是过去室内传统的栽培方式，利用挖瓶或脱袋压块后在室内出菇。香菇袋栽是近十几年来发展起来栽培香菇的新方法，即把发好菌的袋子脱掉后直接在室外荫棚下出菇。两种栽培方法所用的培养料和基本生产工艺相同，只不过袋栽省去了压块工序，减少了污染的机会，更适合于产业化大规模生产。

第三节 黑木耳栽培

一、概况

黑木耳，又名木耳、光木耳、耳、细木耳、丝耳子等，是温带常见的木腐菌，属于真菌门、担子菌亚门、层菌纲、木耳目、木耳属。主要分布于温带和亚热带的高山地区。

二、黑木耳栽培管理技术

（一）段木栽培

段木栽培是将树木砍伐后，经过适当干燥，把培养好的纯菌种接到段木上，使菌丝在段木中定植，并生长发育长出木耳子实体的过程。

1. 耳场的选择

应选择耳树资源丰富，向阳避风的山坳、山脚、缓坡地带，或有稀疏遮阳的地面，附近有水源的场所。此场所日照时间长，比较温暖，昼夜温差较小，湿度较大，不易积水，便于管理，也便于抗旱。在有条件的地方，可采用两场制，即山上发菌，山下长耳。耳树砍倒后，就地接种，以节省搬运劳力和减少杂菌感染。待菌丝生长发育良好，分化子实体时，搬至潮湿肥沃的山坡起架。

栽培场选定后，必须进行彻底的整理，开排水沟，在场地和周围喷洒一些杀虫和杀菌药剂，以备排杆。

2. 耳树选择及段木准备

能够生长黑木耳的树种有几十种。一般应选用当地资源丰富、容易生长黑木耳，而又不是重要的经济林木的树种。凡含有松脂、精油、醇、醚以及芳香性物质的松、杉、柏、樟等树种均不适于作栽培黑木耳的树种。一般都采用阔叶树种来栽培黑木耳。我国常用的耳树主要有栓皮栎、麻栎、枫杨、榆树、柳树、刺槐、悬铃木、黄连木等。

段木准备包括砍树、整枝（剃枝）、截杆和架晒四个步骤。

（1）砍树　选择砍伐的时间应当根据地区的差异而定，因地制宜进行安排。我国习惯是“进九”砍树。从老叶枯黄到新叶初发之前都可以砍树，此称为砍收浆树。

砍树的树龄以 8~9 年的树为宜，直径 10~12cm 为宜。砍树时应“择伐”（即选择适龄的砍）。砍树的方法要求两面下斧，砍成“V”形，这样对于老树蔸发枝更新有利。砍树时要求砍得低，一般老树蔸留茬 13~16cm，新树蔸留茬 10~13cm。树杆要倒向山坡。

（2）整枝（剃枝）　耳木砍伐后，要进行整枝，将枝桠剔掉。整枝的时间因地区而异，南方一些地区多在耳木砍倒后 10~15d 进行整枝。北方地区气候寒冷干燥，树木内含水量较少，多在砍伐后立即进行整枝。

整枝时，用锋利的砍刀，自下而上地顺着枝桠延伸的方向齐树杆削平，但不能削得过深而伤及皮层，以免造成杂菌入侵的危险。

（3）截杆　截杆就是将树杆截成长 1m 左右的段木。段木要求长短一致，便于排放管理。截杆时可用电锯、手据和砍刀。但是，使用电锯速度快，质量好。截面要求平整，截杆后，两头的截面和伤口用新鲜石灰水涂刷，预防杂菌污染。

（4）架晒　架晒的目的是为了加速木材组织干死，使段木干燥到适合接种的程度。架晒场所应选在地势高燥、向阳、通风的地方。粗大的段木架成三角形，直径 10cm 左右的段木架成“井”字形，堆高 1m 左右。每隔 10~15d 进行翻堆，将上下内外的段木调换位置，以利段木干燥均匀。雨天应用塑料薄膜将木堆遮盖起来，避免段木淋雨。架晒的时间一般需要 30~45d，待段木有六七成干时就可以接种。从外表观察，经过架晒，段木两端的颜色由白变黄，横断面出现明显的放射状裂纹，敲击时声音变脆。干燥到这种程度时就可以接种。

3. 接种

各地应根据气温情况，因地制宜，灵活掌握接种时间。当外界气温基本上稳定在5℃以上时就可以接种。

接种的密度应根据段木的粗细、木质的松紧而定。段木粗、木质紧的接种密度可以大些，段木细、木质松的接种密度可以稍小。粗的段木两面打穴，或者打几行穴；细的段木只打一行穴。每行穴位应在一条直线上，一般掌握穴距7cm，深度为1.5cm（必须深入木质部1cm）较为合适。行与行间的穴位交错成梅花形。这样的密度，菌丝很快就在段木里蔓延开来，不仅可以早出耳，多出耳，而且可以减少杂菌的侵入。

（二）代料栽培

代料栽培是利用黑木耳适生树种的木屑，以及棉籽壳、甘蔗渣、玉米芯等农副产品来代替段木，以塑料袋、玻璃瓶等为容器来栽培黑木耳。它不仅可以综合利用各种农副产品，变废为宝，减少林木资源的消耗，而且在栽培上又具有工艺简单、生产成本低、生产周期短（与段木栽培相比较而言）、收益快等优点。因此，代料栽培是当前农村普遍采用的一种栽培方式。

第四节　银耳栽培

一、概述

银耳又名白木耳，隶属于担子菌亚门、层菌纲、有隔担子菌亚纲、银耳目、银耳科、银耳属。此属目前在全世界分布有40余种，除少数种类生长于土壤或寄生于其他真菌上之外，绝大多数腐生于各种阔叶树或针叶树的原木上。

二、银耳栽培技术

目前银耳的栽培方式主要有段木栽培和代料栽培两种。

银耳段木栽培在我国早期以四川通江县最为著名，近年在森林资源丰富的部分地区仍有少量栽培。段木栽培的优点是可以就地取材，栽培技术容易掌握，同时银耳质量也比较好。但其不足之处是耗资大，尤其是砍树过多会对森林生态环境造成一定的不良影响。同时段木栽培单位产量较低，周期也相应较长。目前，生产上除森林资源特别丰富的山区以外，一般较少采用段木栽培法。银耳段木栽培应选用不含芳香油、油精、树脂等杀菌性物质的阔叶树种，一般以材质疏松、边材发达、心材小、树皮厚度适中且不易剥落、树体直径为5~10cm的幼龄树最为适宜。其栽培技术与黑木耳、香菇段木栽培相似，可参阅黑木耳、香菇的有关部分。由于段木栽培周期较长，且产量较低，特别是近年来由于代料栽培技术的不断提高和完善，为银耳的高产稳产创造了有利条件，加之代料栽培原料来源广，周期短，效益高，技术易被广大栽培者接受，所以现在代料栽培已成为我国人工栽培银耳的主要方式。

（一）栽培工艺

1. 培养料的准备

适合银耳栽培的培养料种类较多，常见的如棉籽壳、木屑、玉米芯、甘蔗渣、花生壳等，目前使用较多的主要是棉籽壳和木屑。由于棉籽壳和木屑等物质所含营养成分不完全，因此在配料时还需添加适量的麸皮、米糠或玉米粉等含氮量丰富的物质以及补充少量石膏、磷肥、硫酸镁等矿质营养。

（1）棉籽壳　棉籽壳也称棉籽皮，是棉花产区榨油厂加工棉籽后的副产品。据分析，棉籽壳含纤维素37%~39%、木质素29%~32%、多聚糖22%~25%，其碳氮源比例为（79~85）：1，质量稳定，结构疏松、通气性能好，具有较好的吸水性能，是栽培银耳的上等原料。单独使用棉籽壳栽培银耳时，应添加适量的麸皮或米糠等有机氮丰富的物质，以补充其氮源的不足。另外，因棉籽壳经常温或高压灭菌后，会释放出醛、酮、羧酸等有毒物质，对菌丝生长有一定的抑制作用，故在配料时最好添加5%~10%的杂木屑或甘蔗渣作为吸附剂，以减少毒害。

（2）木屑 一般由多树种的阔叶树木屑混合而成，故也称杂木屑。根据大规模栽培实践，选择适宜的木屑是提高银耳产量和质量的重要措施。一般而言，银耳菌丝和香灰菌丝分解木屑的能力较差，故通常选用软质阔叶树种的木屑作为栽培银耳的主要原料。其中以千年桐、山乌桕、盐肤木、悬铃木、相思树、拟赤杨等树种的木屑最好，桃、李、柿、桉、柳等次之，槠、栲类木屑较差。栽培时也可以用棉籽壳、甘蔗渣等代替部分（30%~50%）木屑作为栽培料，如木屑质量较差，也可适当添加一些麦麸或米糠，以改善营养成分。木屑培养料最好能提前准备，以便在栽培之前能淋水堆积发酵6~10个月，使木屑内的树脂、单宁等有害物质流失，以提高木屑颗粒的吸水性，并使木屑的复杂有机物通过发酵得到部分降解。发酵结束后，将木屑及时晒干、备用。

（3）其他培养料 除棉籽壳、木屑以外，目前用于栽培银耳的还有甘蔗渣、甜菜渣、花生壳、高粱秆、玉米芯等，只不过这些原料在栽培实践中还存在一定的缺陷，有待进一步完善。另外，用野草栽培银耳目前处于试验阶段。据报道，有些种类的野草，其营养成分的种类、含量已超过木屑。

不论选用何种原料栽培银耳，均要求培养料新鲜、干燥、无霉变。

2. 工艺流程

银耳代料栽培的工艺流程见图4-1。

3. 季节安排

银耳代料栽培应根据银耳生长发育对温度的要求以及银耳从接种到采收所需时间来合理安排季节。如有控温设备，能随时满足银耳生长发育过程中对温度的要求，则一年四季均可栽培。但在大多数地区特别是在我国广大农村，目前主要是依照

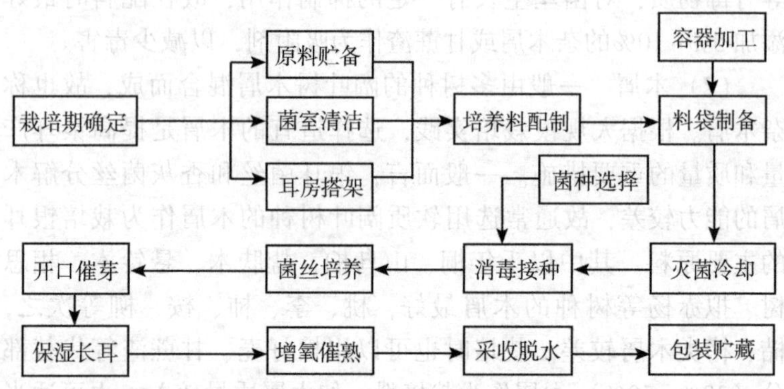

图 4-1 银耳代料栽培工艺流程

自然气候条件安排银耳生产，或在银耳生长的某一阶段因地制宜进行短时间的升降温。根据自然气候条件，我国大部分地区一年可在春秋两季安排 2~4 次银耳栽培。若一年安排两次，长江中下游各省区可在上半年的 4 月上、中旬和下半年的 9 月中下旬各制一次栽培袋为宜。若一年栽培 4 次，制栽培袋时间因安排在上半年的 3 月下旬、4 月下旬和下半年的 9 月上旬、10 月上旬各一次，但在早春和晚秋要进行短时间的升温来满足银耳生长对温度的要求。我国南北各地气候差异较大，安排生产时间应根据当地实际情况适当提早或推迟。总的原则是，以银耳生长发育温度 20~25℃（最高不超过 30℃），以及银耳生长周期 35~40d 来统一安排。

4. 灭菌与接种

（1）灭菌　生产上大多采用常压灭菌灶灭菌，小规模也可采用锅灶上放蒸笼或采用去掉顶盖的柴油桶，进行蒸汽灭菌。料袋在灭菌灶内的排放以“井”字形堆叠为宜。堆叠时应注意将贴有胶布的一面朝上，并注定不要装得太满。灭菌温度和时间同常规。灭菌完毕后焖一晚上，于第 2 天趁热将料袋去处，搬入经消毒的接种室呈“井”字形堆叠，冷却后接种。

(2) 接种 料温降至30℃以下即可接种。接种之前应将银耳栽培种表层3~4cm菌丝在无菌操作条件下充分搅拌均匀。接种时先将菌袋穴口上的胶布揭开一部分，使其露出接种穴，然后用弹簧接种器从菌种瓶中取蚕豆大小的菌种，迅速地通过酒精灯火焰接入穴内，然后盖好胶布。接好的菌种应比胶布下凹1~2cm，即接入菌种的表面与胶布之间留有1~2cm的空隙，其目的是避免在以后揭胶布过程中将穴口表层“白毛团”菌丝拉掉而导致不出耳。一般每瓶栽培种可接25~30个栽培袋。如瓶装接种牛皮纸掀开一角，使培养基露出，然后用接种器取蚕豆大小的菌种迅速接入瓶中，盖好瓶盖即可。

(二) 管理与采收

1. 发菌期管理

接种完毕，应及时将菌袋运到培养室进行发菌管理，如菌袋数量少，也可在接种室直接培养发菌。

发菌期管理一般需9~11d，其中头3d为菌丝定植期，后5~7d为菌丝生长期。各期生长情况不同，管理工作也各有侧重。

2. 采收

银耳袋料栽培从接种到采收，一般为35~40d。银耳采收应适时进行，同时还应注意采收方法，这样才能提高银耳的商品价值，收到较好的经济效益。

采收时应选择晴天的上午进行。具体操作是：用刀片或用长柄剪刀伸入耳片底部，沿培养料表面耳基处将银耳割下，然后再将耳蒂黑色部分刮除干净。采收和刮蒂时应小心，注意保持朵形完整，以免降低商品价值。采下的银耳应保持清洁，防止杂物黏附耳片。并置于干净的竹筐等容器内。要轻采轻放，防止重压，以免变形。银耳采收后应及时晒干或烘干，并妥善贮藏。

银耳属于一次性长耳、一次性采收的食用菌。除个别菌袋养分尚未充分分解消耗或瓶栽的还可长出“再生耳”外，一般不会再长。再生耳的管理方法与首批相同，只是应注意留下头批耳的耳基才能长出再生耳。再生耳产量低，质量差。

第五节　金针菇栽培

一、概述

金针菇，又名朴姑、构菌、毛柄金钱菌、金菇等。

金针菇脆嫩适口，味道鲜美，营养极其丰富。据报道，每100g鲜菇中含水分89.73g、蛋白质2.72g、脂肪0.13g、灰分0.83g、糖5.45g、粗纤维1.77g、铁0.22mg、钙0.097mg、磷1.48mg，钠0.22mg、镁0.31mg、维生素B_1 0.29mg、维生素B_2 0.21mg、维生素C 2.27mg。

二、金针菇栽培技术

金针菇的栽培有多种方法。原始的栽培法是段木栽培，但该法产量低，颜色深，易开伞，菌盖大，朵形差，商品价值低，不受消费者欢迎。因此，目前不采用此法，多采用棉籽皮、锯末、稻草粉、酒槽等进行代料栽培。栽培的主要方式为袋栽、瓶栽和床栽。下面主要介绍袋栽和瓶栽。

(一) 袋栽

袋栽是栽培金针菇的一种主要栽培方式，成功率很高，高达98%以上。金针菇袋式栽培技术在实践中得到不断完善和发展。目前，在河北省推广的金针菇墙式栽培两头出菇新技术，经实践证明，比单袋排放一头出菇的效果好，菇棚空间利用率高，管理方便，设备投资和管理消耗减少生产成本低，经济效益高，深受栽培者欢迎，是一种高效益的栽培技术。

1. 栽培程序

金针菇墙式袋栽两头出菇栽培法具体栽培程序为：

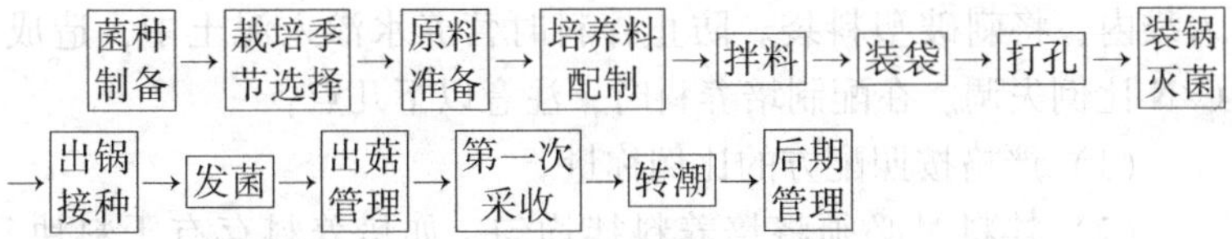

菌种制备 → 栽培季节选择 → 原料准备 → 培养料配制 → 拌料 → 装袋 → 打孔 → 装锅灭菌 → 出锅接种 → 发菌 → 出菇管理 → 第一次采收 → 转潮 → 后期管理

2. 菌种制备

选择适宜的优良菌种，采用常规制种方法制种，在配制栽培种培养料时，一般要添加麸皮、米糠或玉米粉等，以满足金针菇对氮源及维生素 B_1 和维生素 B_2 的需求，从而使扩大培养的菌种生长的更健壮。

3. 栽培季节选择

金针菇栽培季节的选择，主要参照当地自然季节性气温变化，确定栽培适期，以满足金针菇低温出菇的要求。使出菇阶段的温度保持在5~15℃的低温范围内，就能获得优质高产的金针菇。我国地域辽阔，不同地区气候不同，同一个季节，气温差异甚大。因此，在安排栽培季节时，必须掌握金针菇低温出菇的特点。

4. 原料准备

(1) 塑料薄膜筒的选择　袋栽金针菇常用塑料薄膜筒裁制成栽培袋。塑料薄膜筒的薄膜应选择厚薄均匀，无折痕，无砂眼。菌袋应选择聚乙烯或聚丙烯塑料薄膜筒，制成规格为长35cm、宽17cm、厚0.05cm的袋筒，太宽的袋子菇蕾少时子实体易弯曲，影响菇的品质。

(2) 培养料的准备　培养料的选择和处理是否得当，对金针菇栽培的成败有密切的关系。根据各地实际情况可选择棉籽壳、玉米芯、酒槽、废甜菜丝、甘蔗渣、秸秆和废棉等。

5. 培养料的配制

栽培根据当地资源条件，就地取材，选择适宜的培养料，按配方的比例准确称料。要求称好料后放在水泥地面上，或塑料薄膜上进行拌料。不能在土地上拌料，否则使泥砂等杂物装入袋内，将刺破塑料袋。防止拌料时营养水渗入泥土中，造成C/N比例失调。在配制培养料时，注意以下几点：

（1）严格按照配方的比例称量。

（2）拌料时必须将培养料拌均匀，如培养料存有干料块，在灭菌时，湿热蒸汽就不能穿透干料中间，造成灭菌不彻底，而感染杂菌。

（3）严格控制培养料的含水量。

（4）调节好适宜的酸碱度。

（5）在拌料时，加入0.1%多菌灵，可减少杂菌的污染。

6. 装袋

将配制好的培养料在堆闷1h，使培养料吸足水分后，就立即装袋。装袋一般手工操作，有条件的可用装袋机进行装袋。

7. 灭菌

料袋装完后立即进行灭菌，杀死料内各种微生物，并促进培养料内部分有机物质的降解，使料软化以有利于菌丝的吸收和利用。灭菌方法常采用常压蒸汽灭菌。把装好的料袋装到土蒸锅中灭菌。装锅时，要注意：料袋是一种软化包装，料袋直立排放，不要重叠堆积，以免料袋之间间隙被堵塞，湿热蒸汽难以流通和穿透料内，如受热不均影响灭菌效果。

装好锅后，将锅门盖严实、无缝、不漏气，立即点火升温。使锅内温度迅速升到100℃（或锅内大气上来）开始计时，一般连续灭菌8~12h，停火焖数小时后即可打开锅门，取出料袋移入接种室接种。

8. 接种

料袋灭菌后，使料温降到30℃时，即可开始接种，接种关键是无菌操作，接种技术要正确熟练，动作要轻、快、准，以减少操作过程中杂菌污染的机会。

在消毒的接种室、接种箱、或超净工作台上进行接种。操作过程为：菌种袋或瓶表面用75%酒精擦洗后，带入接种箱，点燃酒精灯，接种铲或大镊子放在酒精灯外焰上进行灼烧，充分灭菌后用灭菌镊子剔除菌种表面的老化菌种，将菌种夹成花生豆大小的菌种块，在酒精灯的无菌区内，打开料袋两头的扎口，分别接入栽培种，然后用塑料绳把袋口扎好。接种量以3%~5%为宜，接种量过多，容易在老菌块上出菇，抑制基内菌丝正常形成子实体，影响产量。接种时，菌种接入要迅速，尽量缩短暴露于空气的时间。天气热时，接种时间最好选在早晨和晚间，有利于提高接种的成功率。

9. 发菌管理

将接种后的菌袋移入培养室的床架上进行发菌培养。发菌期要创造适宜条件，以促进菌丝健壮生长。这是培养管理好菌袋以至提高产量和质量的重要环节。

发菌期间主要是控制温、湿、光、气4个环境条件，在培养正常的情况下，25~35d即可长满料袋。这是因为采用的培养料不同及发菌温度、接种量多少、发菌时间也不一致而形成的。长满料袋后立即移入出菇棚进行出菇管理。

（二）瓶栽

金针菇栽培，一般多采用瓶栽法。此法成功率高。日本和我国台湾都已采用瓶装进行工厂化、自动化周年生产。但在我国仍采用手功劳动为主的瓶装。具体栽培程序基本上同袋装。

1. 栽培容器

一般都采用菌种瓶750mL或玻璃罐头瓶500mL作为栽培容器。

2. 装瓶打孔

瓶装金针菇时，其菌种的制备、栽培季节的选择、原料准备、培养料配制、拌料等都与其袋栽相同。将拌好的培养料装入瓶中，料装至瓶肩，要求上紧下松，压平料面。

用一根直径为2~2.5cm的锥形棒，在瓶内料面中央打一个直通瓶底的接种孔，以利通气，促使菌丝能上、中、下同时生长。

3. 扎口灭菌

打孔后，取一块干净的布，把瓶口内外粘的培养料擦干净，减少杂菌污染的机会，然后用1层牛皮纸或用2层报纸或2层塑料布盖在瓶口上，而后用绳子扎好瓶口。

把装好的罐头瓶装到土蒸锅中去灭菌。装锅时，将罐头瓶横倒放于锅内隔层架子上，瓶口对瓶口，瓶底对瓶底。摆满一层后，以上摆放的方法同第一层。这样装锅灭菌的方法比瓶子竖着放好。瓶口的纸盖不易潮湿，从而减少污染。装好锅后，点火升温，灭菌方法同袋装。

4. 接种

将灭过菌的瓶子凉至30℃以下时，可在消过毒的接种箱内或超净工作台上接种。接种方法参照袋装。

5. 发菌管理

接种完毕后，将栽培瓶移到消过毒的培养室发菌，瓶栽金针菇发菌培养条件和其袋装时要求的条件一样。只不过由于瓶栽比袋装的原料少些，因此发菌时间短些，一般在适宜条件下菌丝长25d左右后，准备搔菌。其中以棉籽皮培养料生长较快。在发菌过程中一定要防鼠害。

6. 出菇管理

(1) 催蕾　菌丝长满瓶后，要及时地把瓶移到适宜的栽培室，去掉瓶口膜，进行搔菌，把培养表面的老菌丝扒掉，让新菌丝露出来，在瓶口上覆盖报纸或两层湿纱布，经常保持覆盖报纸和纱布湿润。空气相对湿度要求在85%~95%，催蕾最适宜温度为13~14℃。每天对空间进行喷雾，几天后培养料表面就会出现琥珀色的水滴，有时还会形成一层白色棉状物，这是现蕾的前兆。这时要结合上下午的喷水，去掉覆盖物1~2h，就可通风换气，促进菇蕾的产生。现蕾后要加强通风，促使大批量的菇蕾产生，出菇快的品种约需7d现蕾，慢的则需要10d

现蕾。

（2）套筒　当子实体生长到高出瓶口 2~3cm 时，就应及时在瓶口上套上一个高度为 10~15cm 的喇叭状纸筒。套纸筒的目的是为了防止光线过强对子实体着色的影响，使其颜色深，同时减少氧气的供给，增加了 CO_2。因此抑制菌盖的生长，有利于促进菌柄的伸长。套筒后，菌柄长势较为一致。套完纸筒后，不必再盖报纸保湿，必须调节室内相对湿度来促进菇蕾生长。如空气相对湿度低时，可在纸筒上进行雾状喷水，但不可直接在菇蕾上喷水。

（3）金针菇的生长　套上纸筒后，培养室或菇棚温度应控制为 6~8℃，空气相对湿度为 80%~90%，避光培养，经过 5~7d 子实体可长至 10cm 左右。

温度对子实体生长影响很大。当培养室或菇棚温度为 6 时，子实体生长较慢，但子实体菌盖小，菌柄长，菌盖圆整、色淡，不易开伞，商品价值高，如果温度为 9~16℃时，子实体生长较快，品质有所下降，但通过调节湿度、通风等措施，还能得到品质较好的菇。当温度高于 16℃以上时，菌盖易开伞，颜色深，质量差，因此高温季节影响出菇。要选好适宜的栽培季节，才能培养出质量好、产量高的金针菇。

7. 采收

菌柄长到 13~18cm，菌盖直径 8~10mm 时，开始采收。

采收完第一潮菇后，就要进行搔菌、通气、保湿等转潮出菇管理措施，尽快产生第二潮菇。详细的出菇管理方法参照袋栽。

国外瓶装金针菇采用 800~1 000mL、口径为 7cm 的聚丙烯塑料瓶，瓶盖采用无棉盖体。这样的瓶栽产量高、品质好。而我国多采用 500~750mL 罐头瓶来栽培，营养不太足，产量低，特别是第二、第三潮菇产量更低，质量差，管理不便。因此，国内广泛应用塑料袋栽培，塑料袋容积大，可装入足够的培养料，营养充足，有较好的保湿性能，有充足的出菇空间和通风环境。所以现蕾早，多而整齐，产量高，品质好，有利于金针菇的生产和开发。

第六节　双孢菇栽培

一、概述

双孢菇在真菌分类中属于担子菌亚门、伞菌目、伞菌科、蘑菇属，因其担子上大多着生 2 个担孢子而得名。又因其栽培最早起源于西欧和广泛栽培的绝大多数品种是白色，又被称为洋蘑菇和白蘑菇。

二、双孢菇栽培技术

（一）栽培季节及菌种的准备

1. 栽培季节

播种时间因各地气候条件的差异而有所不同。选择播种期是以当地昼夜平均气温能稳定在 20~24℃，约 35d 后下降到 15~20℃为依据的。

我国双孢菇播种时间的一般规律是自北向南逐渐推迟。因双孢菇属偏低温度型，故播种期多安排在秋季，大部分产区一般在 8 月中旬至 9 月上旬播种；江、浙、沪及长江流域一带多在 9 月上中旬播种；福建在 10 月上中旬播种；广州、广西等约在 11 月上旬播种。具体的播种时间还需结合当地、当时的天气预报，培养料质量，菌株特性，铺料厚度及用种量等因素综合考虑。

2. 菌种准备

要依据播种时间推算出适宜的制种时间，以保证栽培使用的菌种有适宜的菌龄。菌龄长，菌丝老化，生活力、生长速度和抗逆性都随之下降；而幼龄菌种菌丝量少，不够健壮，使用价值低。菌龄与培养基成分、培养温度、播种量、培养容器的大小等因素有关。双孢菇母种一般 15d 左右长满斜面；原种

40~50d 长满；栽培种 30~40d 长满。为使菌丝健壮及在基质内部长透，母种以长满斜面再延长 3~5d 使用为好；原种、栽培种以长满栽培料再延长 7~10d 使用为宜。播种期向前推进 5 个月是制母种的大致时间；播种期向前推进 4 个月是制原种的大致时间；播种期向前推进 2 个月是制栽培种的大致时间。

播种量为每 111m^2 栽培面积约需 750mL 瓶装粪草菌种 350 瓶（或麦粒菌种 100 瓶左右，或棉籽壳菌种 200 瓶左右）。采用袋式菌种者，用种量可按瓶式菌种的净重进行折算（每瓶约 0.45kg）。播种时要注意播种量：播种量太大，虽发菌快，不易感染，出菇早，但易出现密菇、球菇、小菇等；播种量太小，虽降低成本，但发菌慢，易污染，出菇迟。

3. 菇房的消毒

菇房在进料前 3~4d 必须进行消毒，以杀灭潜伏的病菌及害虫。消毒前，先将菇房的孔洞、裂缝堵塞严密，以保证药味不外溢。菇房消毒常用的方法是熏蒸法，即每平方米用 10mL 甲醛、10g 硫黄、2~3mL 敌敌畏、5g 高锰酸钾。硫黄、敌敌畏可用燃烧法使其挥发，甲醛可倒入高锰酸钾中使其自动氧化。放药点可采取上、中、下部均匀放置，不同药剂要错开放置，边放药边退出，密闭熏蒸 24~28h。密闭性差的菇房，可用波尔多液、石硫合剂、敌敌畏等喷洒。喷洒时应注意人身安全。

当出菇稀少、没有生产价值时就应及时清料，以减少污染。清料前，最好先用甲醛、敌敌畏等杀菌杀虫药剂熏蒸菇房。将能拆卸下的床架材料浸泡于石灰水中，然后刷洗干净，晒干。再使用时要经过生石灰水或漂白粉或波尔多液的浸泡。不能拆卸的床架、墙壁、屋顶等可涂一层石灰浆。若地面是泥土的，可挖取 3~5cm 厚的老土，再用石灰拌新土填补。

（二）培养料的配制

双孢菇的产量取决于培养料的质量和数量。因此，培养料的配比及发酵是双孢菇栽培的重要环节。

1. 主料的准备及培养料配方

粪肥与草料占培养料的90%~95%，是栽培双孢菇的主要原料。粪草比例有5∶5、6∶4和4∶6共3种，粪肥不足应添加饼肥及化学氮肥，以保证培养料的C/N在发酵前达到（30~31）∶1。目前生产上多采用5∶5的粪草比例。

各种禽畜粪便是常用的粪肥，多种粪肥混合使用比单一粪肥的效果好。粪肥可晒至半干时将其打碎，待完全晒干后收藏备用。也可将湿粪堆积、拍紧后覆盖收藏，不要日晒雨淋，以防养分流失。湿粪在用前应调成稀糊状。

草料应新鲜、干透，不要长期日晒雨淋或霉烂变质。多种草料混合比单一草料的养分高。因各种草料腐熟的难易程度不同，所以多种草料不能同时堆制发酵。如堆制稻、麦草混合料时，麦草难腐熟，可提前5~7d堆制，在第一次翻堆时，在另外堆制易腐熟的稻草，在第二次翻堆时，将腐熟程度相近的草料再合并在一起，以免出现生熟不均的现象。

一般把配方中不含化肥的称为粪草培养料，不含任何粪肥的称为合成培养料，即用粪肥又补充少量化肥的为半合成培养料。培养料的配方各地有所不同，通常用的是粪草比为1∶1的配方，如干猪、牛粪46%，稻、麦草46%，饼肥3%，化学氮肥1%（尿素0.8%、硫酸铵0.2%），石膏粉、过磷酸钙各1%~2%，石灰2%。每平方米可用干料35~4kg，可根据栽培面积算出总用料量，再按各原料占总料量的百分比，求出其实际用量。

2. 培养料的堆制发酵

（1）发酵意义及发酵类型　双孢菇是一种草腐菌，分解纤维素、木质素的能力很差，培养料中的复杂物质不易被蘑菇分解吸收，所以用未腐熟的培养料栽培蘑菇很难成功。必须堆制发酵，经过物理、化学作用及微生物的分解转化作用，才能成为蘑菇的培养料。

培养料经堆制发酵可分为一次发酵、二次发酵和增温发酵剂发酵。在室外一次完成培养料的发酵，称作一次发酵法。该法是传统的发酵法，所需设备简单，对菇房密闭度要求不高，成本低，发酵技术易掌握。但因在室外进行发酵，受自然条件影响大，发酵质量较差，发酵时间长，劳动强度大。发酵时间因草料质地而异，稻草培养料约需 26d，麦草约需 30d。在整个堆制过程中，需翻 4~5 次堆。分两个阶段完成培养料的堆制发酵，称作二次发酵。二次发酵的第一个阶段与一次发酵法基本相同，是在室外进行的，堆制时间一般是 12d 左右，需翻堆 2~3 次。第二个发酵阶段是在菇房内进行的，也称后发酵或巴氏发酵消毒法。后发酵是人工控制温度，使培养料完成升温、控温和降温变化的 3 个过程。先使培养料快速升至 60℃左右，维持 8~10h，以进一步杀死培养料及菇房中的病虫害。然后适当通风，使料温慢慢降低，保持 4~6d，以促进有益菌大量生长，并产生有益代谢物。最后再加强通风，使料温降到 30℃左右就可结束发酵过程。

二次发酵技术是当前双孢菇生长中不可缺少的重要增产工艺。发酵期比一次发酵技术缩短 7~10d，减少翻堆次数，降低了劳动强度；进一步杀灭了培养料及菇房中的病虫害；不但减少了培养料因长时间堆制而造成的营养物质的耗损，还使培养料增加了大量有益于双孢菇生长的物质；改善和优化了培养料的理化综合指标，增产幅度约达 20%。

用增温发酵剂堆制发酵培养料的方法为增温剂发酵法，是继二次发酵后的双孢菇培养料堆制发酵技术。增温剂是一种活性高、升温快、由多种分解培养料和固氨性能优良的高温型放线菌制成的活菌制剂。具有省工、节能，不减少培养料养分，缩短发酵周期 5~10d，优质高产等优点。约比二次发酵增产 20%。

（2）建堆时间及堆制发酵的原则　培养料腐熟之日应正好是播种之时。采用一次发酵法，一般在播种前 30d 左右进行建堆；采用二次发酵法可在播种前 20d 左右进行建堆；用增温剂发酵法在播种前 16d 左右进行建堆。

堆制发酵培养料应掌握的原则是：培养料的含水量应逐渐降低，使其发酵后的含水量正好达到栽培要求；堆形逐渐缩小，堆料前紧后松，随培养料的细碎程度不断提高料堆的透气性；每次翻堆间隔的时间逐渐缩短，后一次翻堆所需的天数约比前一次翻堆所需的时间缩短 1~2d。一次性发酵需翻 4~5 次堆，翻堆间隔时间一般是 7d、5d、4d、3d、2d；二次性发酵约翻 3 次堆，间隔天数是 4d、3d、3d；一次性发酵在最后一次翻堆时，要均匀喷入杀菌、杀虫药液，并控制料温在 55℃左右；料堆严防日晒雨淋。

（3）建堆发酵过程　建堆发酵需要经过培养料的预湿、建堆和多次建堆才能完成。

（三）播种

菌种应选择无杂菌，无虫害；菌丝生长清晰有力、洁白粗壮、生命力强、菌龄适宜；菌种培养料呈红棕色，并有浓厚菇香味。勿用有黄水、有菌皮、菌丝萎缩或严重徒长的菌种。菌种瓶或菌种袋在开启前，先在 0.2%高锰酸钾或其他消毒液中略浸，擦干瓶壁后将菌种成块取出，将其掰成蚕豆大小的块。

气温高的产区，铺料厚度以 15~18cm 为宜；长江流域及其以北的气温低、生长季节长的产区，适宜的铺料厚度在 20cm 左右。料太薄，单产和质量不高；料太厚，因透气性、散热性差，易供氧不足、料温高，影响菌丝生长和诱发病虫害。铺料时，应加强通风换气，以排除发酵产生的有害气体。

有效的播种方法是撒播。在料温约 28℃时，先将一半的菌种撒入料面，用草叉或手抖动表层，使菌种下落至料深 4~5cm 处，整平料面，再均匀撒入剩余菌种，用少量培养料略微掩盖菌种，然后用木板轻轻按压，使菌种与料密切贴合。若气温低、空气湿度小，料面应覆盖一层消毒的报纸或薄膜。撒播播种速度快，菌丝封面早，杂菌不易污染，发菌整齐，不易发生“球菇”。

第七节　鸡腿菇栽培

一、概述

鸡腿菇又名鸡腿蘑、毛头鬼伞，日本称细裂一夜茸。属真菌门、担子菌纲、伞菌目、鬼伞科、鬼伞属。

极少数人食用后饮酒有轻微的过敏反应。

二、鸡腿菇栽培技术

（一）培养料的配制

培养料是栽培鸡腿菇的基础物质，制备优质的鸡腿菇培养料是鸡腿菇丰产的关键。它包括培养料的选择、配方的设计、农作物秸秆的处理和发酵料的堆制等过程。

1. 培养料的选择

用来配制的培养料应能保证鸡腿菇整个生长发育所需要的营养物质，其中碳、氮必须合理，磷、钾、钙、硫等也要配比适当。培养料质地要疏松，富有弹性，能含较多的空气，这不仅为鸡腿菇菌丝体的呼吸所必需，同时也是好气性微生物分解培养料的需要，此外，培养料还能通过发酵发出热能以消灭杂菌及害虫。

培养鸡腿菇的原料十分丰富。草料有稻草、小麦秆、大麦秆、玉米秆、豆秆、甘薯、花生藤叶等。粪肥材料有牛粪、马粪、猪粪、鸡粪及厩粪等。稻草和麦秆是栽培鸡腿菇的主要原料，在收割之后，于烈日下晒数日，妥善保管待用，防止雨淋、霉变。稻草和麦秸富含纤维素、半纤维素及木质素等，质地疏松，具有弹性，通气良好，并能提高培养料的吸肥和吸水能力，起到保肥保水的作用，但稻草和麦秸的氮、磷、钾含量及产热能力不如畜粪高。

鸡腿菇另一种主要的培养料原料是家畜粪尿，主要是牛粪、马粪及猪粪。牛粪中有机物氮、磷、钾的含量较高，适于种鸡腿菇，但湿粪含水量较高，组织致密，发酵慢。将牛粪晒干后堆料，才能发酵快，堆温高。因此，应注意收集牛粪晒干备用。在牛粪中以黄牛粪最好，荷斯坦牛粪次之，水牛粪最差。马粪含有较高的有机物，氮、磷、钾含量也很高，质地疏松，有较高的发热能力，栽培鸡腿菇的产量和品质与牛粪差不多。猪粪有机物含量较少，氮、磷、钾含量高，堆温不如牛、马粪提得高。用猪粪栽培鸡腿菇后期产量较低。但可在堆料中加入一定量的豆饼进行补偿。上述 3 种畜粪是鸡腿菇栽培较易获得的、便于操作（臭味小，黏度小）、含有机物和氮、磷、钾较高的好原料。另外，鸡、鸭、鹅粪也是鸡腿菇栽培的好原料。

2. 培养料的配方

栽培鸡腿菇的培养料多种多样，各地原料不同，价格不一，栽培者宜就地取材选择价格低、处理方便的原料，才能获得较好的效益。因此，要找到一种适合所有栽培者的统一模式和统一配方很难，但有一个标准是统一的，就是 C/N。鸡腿菇栽培养料的 C/N 以 40∶1 为好，按此原则，栽培者可根据不同原辅料的 C、N 含量，设计不同配方。在此列举常用的配方供参考：

（1）稻草 75%，干牛粪 20%，尿素 0.5%，过磷酸钙 1%，石膏 1.5%，石灰 2%。

（2）稻草 74%，干牛粪 20%，菜籽饼 2%，硫酸铵 0.5%，过磷酸钙 0.5%，人尿粪 1%，石灰 2%。

（3）稻草 50%，麦秸 25%，干牛粪 17%，花生饼 2%，草木灰 1%，过磷酸钙 1.5%，尿素 0.5%，石膏 1%，石灰 2%。

（4）草 75%，混粪 20%，过磷酸钙 1%，尿素 1%，石膏 1%，石灰 2%。

（5）稻草（或麦秸）76%，牲畜粪 20%，饼肥 1%，尿素石灰 2%。

（6）麦秸 65%，干鸡粪 30%，石膏 3%，石灰 2%。

（7）麦秸 85%，花生饼 6%，尿素 0.5%，硫酸铵 0.5%，过磷酸钙 3%，石膏 3%，石灰 2%。

（8）稻草 91%，尿素 0.5%，硫酸铵 1%，过磷酸钙 3%，碳酸钙 2.5%，石灰 2%。

（9）稻草 92.5%，尿素 1%，过磷酸钙 2%，石膏 2.5%，石灰 2%。

（10）玉米芯 91.5%，过磷酸钙 3%，尿素 1.5%，石膏 2%，石灰 2%。

（11）木屑 77%，玉米面 15%，尿素 1.5%，过磷酸钙 2.5%，石膏 2%，石灰 2%。

（12）棉籽壳 50%，小麦秸 44%，过磷酸钙 2.5%，石膏 2%，石灰 2%。

（13）棉籽壳 98%，石灰 2%。

（二）栽培技术

1. 发酵料畦床栽培

（1）工艺流程

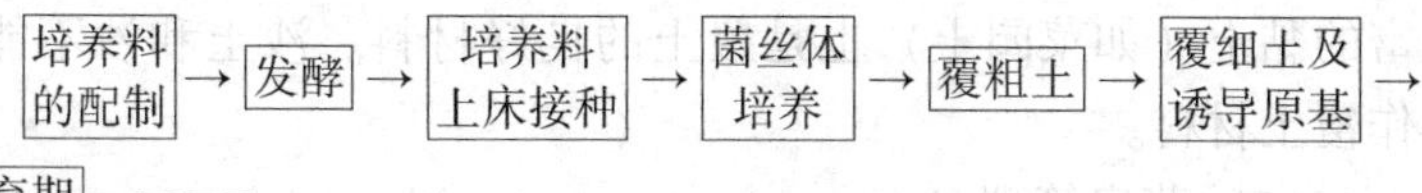

（2）培养料的堆制　鸡腿菇适宜在发酵料中栽培，培养料应当堆制腐熟。堆料发酵可以利用堆肥的高温促使粪草腐熟，改变粪草的理化性质，并借发酵高温（70℃）杀死粪草中的害虫和杂菌。在高温发酵过程中所繁殖的大量高温、中温型微生物菌体（菌体蛋白）及其代谢产物（生长素类）都是鸡腿菇菌丝可直接吸收利用的营养物质。在发酵过程中，由于微生物的活动，有机物经过复杂的变化，放出二氧化碳、氨气和蒸汽。为了适应微生物的繁殖，堆料的水分、通气、酸碱度、氮肥等各方面的条件都应适当。

（3）播种　畦栽时将培养料直接播进栽培场，采取层播、混播、点播菌种的方式进行栽培。发酵料的层播方式栽培较为普遍，一般3层料、3层种、播种量为干料重的10%左右。在适温下，一般5~7d封面，18~20d发菌完成，可在15~18d时覆土。

畦栽又可分为浅箱式栽培和床架栽培，二者并无本质的区别，其特点基本一致。

（4）覆土和诱导原基　覆土是鸡腿菇栽培过程中不可缺少的重要环节，覆土具有诱导原基形成、防止培养料水分散失和病虫害污染、便于菌丝随时补水和构成子实体物理支持物的作用。

覆土必须具备持水量高，通气性好（团粒结构），pH值为7.0~8.0，含钙（改善结构），不含未分解的有机物，不含寄生菌，盐分低（不能用盐碱土）等性质。

鸡腿菇的覆土在国外多采用泥碳土，其配方为95%泥碳加5%石灰石粗粉。国内覆土多为因地制宜，常选用黏壤土（含黏土37.5%~50%）和壤土（含黏土25%~37.5%）。含有机物丰富的黏土（如菜园土）也是覆土的良好材料。沙土和沙不能用作覆土材料。

（5）菇房管理

①水分管理：菇房播种后，一直到覆细土之前，床面因为有塑料薄膜的覆盖，菇房的水分管理不重要。覆细土后，床面直接暴露在空气中，此时菇房必须增加湿度，使空气相对湿度达到80%~90%。此时，应向墙壁、地面、房顶喷水，早晚各一次。如果菇房出菇多、通风强，应在中午加喷一次。一般使床面细土的含量达10%~12%即可。出菇后至采菇，一般不必向床面喷水。当气温较低、菇房相对湿度较小、床面较干时，可在棒状期向床面补喷一定量的水，但喷水后应加强通风，迅速将鸡腿菇表面水分蒸发掉。如气温较高（20~25℃）尽量不要向床面喷水，否则菇将变色，影响菇质。

②通气：鸡腿菇虽能耐受较高的二氧化碳浓度，但通气好菌丝生长速度快，菌丝粗壮，抗杂菌能力强。因此，如果条件

允许，播种后至覆细土前应每天揭 1～2 次薄膜给床面透气，每次 0.5～1h。菇房内的通风应根据气温灵活掌握。发菌至覆细土前，若外界温度过高，通风应在夜晚或清晨进行，外界温度低，通风应在中午进行，使菇房温度控制在 20～23℃以下。覆细土后，菇房内的温度应控制在 15～20℃。秋初（秋栽）和夏初（春栽）应在夜晚通风，通风时间尽量延长，通风口处纱布应经常喷湿，以防菇房空气相对湿度降低和通入的干空气将床面吹干。出菇后，应根据菇房内出菇的多少和疏密进行通风，出菇多，时间可相对延长，出菇少则时间减少。应控制菇房内二氧化碳浓度在 0.3%～0.5%。

上述为自然通风，在有条件的地方可安装排气扇进行强制通风。强制通风可使菇房上下二氧化碳浓度相对一致，用排气法强制通风，在菇房的周围可留多处小的进风口，在菇房的底部安装排气扇，这种通风受外界风力的影响小，能较好地控制菇房内二氧化碳浓度。

（6）采摘

①采摘期的选择：鸡腿菇现蕾后在室温 16～18℃，一般 9～10d 进入采菇期。

采菇应在梭形期，即当子实体达到七八成熟、菌环稍有松动时即可采收。此期采菇菌盖所占比例最大，菇形好，菇的产量高，商品价值高，便于采摘和运输，不易破碎。在棒状期采摘，虽菇质坚实，易于保存，但是单位面积产量低。在卵形期采摘，菌盖易碎。菌柄太长，商品价值低，保存时间短。

②采摘方法：鸡腿菇由于品种、覆土的早晚、菇潮的次数等原因，其子实体可单生或丛生。丛生菇采摘时较困难，因为在一丛菇中其成熟期有所不同。一般是以丛的中心部为首先进入梭形期，周围部为棒状期。少数情况下是中心部为梭形期，最外为幼蕾期，其间为棒状期。对于前一种情况可将整丛一块采下，对于后一种情况，可将中心部梭形期的菇用利刃取出，让周围部继续生长，长成梭形菇时，可一个个用拇指和食指末

节，夹住菇柄基部采下。采菇时，用力要轻，单生菇可加旋转，丛生菇不可硬拉。出口菇要求比较严格，采摘者应戴布手套，菇采下后应按顺序摆放在浅框内，不可随意放置，以防菇脚泥土黏在菌盖或菌柄上。

③采摘后床面的整理：在正常情况下，第一潮菇较为集中，在 2~3d 内即可把菇全部采净，此时床面上有许多凹穴，特别是丛生菇，其菇根较长，采摘时整丛拔掉，床面上会留下一个很大的洞穴，培养料暴露出来。采完菇后，在菇床上还会留下许多菇脚和小的死菇，应尽快捡净，喷施一定量的多菌灵药液（$3 \sim 5g/m^2$），然后大量喷水至床面发亮，但无积水出现。喷水前也可撒入少量尿素或其他氮肥。喷水后应尽快补土使床面恢复出菇前状态，然后再将土调至发亮为止。3~5d 后又有新的菇蕾发生，此时的菇并非第二潮，只是第一潮的延续，出菇量约占第一潮菇的 8%~10%，半个月后采菇结束，此后，床面的整理应注意随采菇随整理。此潮菇采完后，菇床出菇已达 85%左右，以后是否继续让床面出菇，可根据具体情况而定。

2. 熟料和生料袋栽

（1）工艺流程

①熟料袋栽：培养料配制→加入部分发酵→装袋→灭菌→冷却接种菌丝体培养→埋袋或压块后覆粗土→覆细土→发育→采收。

②生料袋栽：培养料配制→发酵（或加入克霉灵拌料）→装袋接种→菌丝体培养→覆粗土→覆细土→发育→采收。

（2）菌袋制作　培养料配制、装袋、灭菌、接种及菌丝体的培养操作方式同平菇栽培。

（3）覆土栽培　将已发好菌的菌袋去膜后平放在菌床或畦床上，袋间距 2~3cm，袋间填已发酵料或发好菌的袋料，不可填生料。此时是否覆土可根据鲜菇上市的早晚及菇房的增温设施而定。如要推迟出菇，可不覆土而覆地膜。若要进行出菇管理，则床面去膜后覆粗土，8~10d 后覆细土，覆细土后 6~8d 现蕾出菇，第16天进入采菇期。管理措施及条件控制与畦床栽培一致。

在鸡腿菇栽培中，采用上述方式，不仅可以充分利用空场地、降低成本，而且发菌与出菇分开进行，提高了菇房出菇能力和菇房利用率。

第八节 草菇栽培

一、概述

草菇又名兰花菇、美味草菇、美味包脚菇、浏阳麻菇、中国蘑菇、秆菇、稻草菇、贡菇、南华菇等，在分类学上属于真菌门、担子菌亚门、伞菌目、光柄菇科、草菇属。

二、草菇栽培管理技术

草菇栽培有多种方法。栽培方式有草把栽培、棉籽壳栽培、稻草栽培、压块栽培等。

（一）栽培季节

草菇是高温型食用菌，栽培草菇一般以气温稳定在26℃以上的6—9月为宜。我国南北气候差异较大，因此各地一年中栽培草菇的季节也不完全一样。

（二）栽培场所

根据栽培场地的不同，草菇栽培分室内栽培、室外栽培两种。草菇室内栽培可在专门搭建的草菇房进行，也可利用闲置的农舍、猪舍等改建而成的菇房进行。改建的菇房可搭床架，也可直接在地面栽培。砖块式栽培主要在塑料大棚内、果树林下、屋前屋后空地及稻田等处栽培。

（三）常用培养料配方

1. 用草堆法栽培草菇时的配方

（1）干稻草100kg，腐熟的干牛粪或家禽粪5~8kg，石灰1kg，草木灰或火烧土适量。

（2）干稻草100kg，米糠或麸皮3~5kg，过磷酸钙50kg，石灰1kg，肥土或火烧土适量。

2. 用堆制发酵料栽培草菇时的配方

（1）干稻草100kg，麸皮5kg，干牛粪5~8kg，草木灰2kg，石灰3~5kg。

（2）麦秸70kg，棉籽壳30kg，玉米粉2.5kg，麸皮2.5kg，饼肥1~2kg，磷肥2kg，石灰粉5kg。

（3）麦秸40kg，玉米芯30kg，棉花秆粉30kg，麸皮2.5kg，饼肥1~2kg，磷肥2kg，石灰5kg。

（4）废棉或棉籽壳98kg，石灰粉20kg。

（5）干稻草50kg，干牛粪4kg，过磷酸钙0.5kg，石灰粉1kg，麸皮2.5kg，火烧土1kg。

（6）麦秸粉40kg，玉米芯15kg，棉籽壳或棉花秆粉30kg，玉米面1.5kg，豆饼1.5kg，磷肥1.5kg，石灰2.5kg。

（7）稻草（切断）15kg，玉米秸粉15kg，麦秆粉15kg，玉米面1.5kg，豆饼1.5kg，磷肥1.5kg，石灰2.5kg。

（8）麦秸（切断）15kg，玉米秸粉15kg，麦秆粉15kg，玉米面1.5kg，豆饼1.5kg，磷肥1.5kg，石灰2.5kg。

（9）稻草45kg，玉米面1.5kg，豆饼1.5kg，磷肥1.5kg，石灰2.5kg。

（10）棉籽壳47.5kg，石灰粉2.5kg。

（四）栽培技术

1. 室外栽培

（1）场地的选择　选择背风向阳，供水方便，排水容易，肥沃的沙质土壤作为建菇床的场所。气温较低时，选择南向、阳光充足，西、北两面有遮阴物的场所；盛夏时应选择阴凉、通风处作菇床场所。作菇床时畦宽80~100cm，长度不限。使用之前应翻地一遍，日晒1~2d，同时拌入石灰或浇入浓石灰水以杀虫。

（2）料的处理及播种　选择新鲜、无霉变的干燥稻草或麦草或其他原料。将稻草放入2%~3%石灰水浸饱24h捞起，扭成草把，铺成畦面，压紧压实，在草层边缘5cm处撒一圈混合好的菌种（麦麸与菌种1∶1混合），在第一层草层的外缘向内缩进5cm铺第二层草把，压实，在四周边缘5cm处撒一圈混合好的菌种，以后每层如此操作，一般铺4~5层草把，最后一层草把铺完压实后均匀撒上一层1cm厚经消毒的火烧土，并盖上薄膜。菌种用量通常为100kg干草20袋菌种。

（3）管理与采收　播种后注意遮阴喷水，保温保湿。当料面温度高于45℃时，要及时揭膜通风，喷水降温，一般高温季节一天揭膜喷水2~3次。3~7d菌丝生满畦面，第七天至第十天可以见小白点状的幼蕾，第十天至第十五天可采收第一批菇。采收后停水3~5d再喷水和管理，5d左右又可收第二批菇，一般可收3~4批菇。

2. 室内栽培

草菇室内栽培可以人为地提供草菇生长发育所需要的温度、湿度、营养和通气条件，使之避免受台风、暴雨、低温、干旱等不良环境的影响，从而有利于延长栽培季节，提高草菇的产量和质量。

（1）菇房的建造　在农村，大多利用冬春季栽培蘑菇后的菇房及床架，在夏季栽培草菇。

①泡沫板菇房：菇房的建造是以木料为支撑物，用聚苯乙烯泡沫板作为菇房的墙壁和房顶，墙壁和房顶的内层再衬以聚乙烯薄膜。菇房两端各设置0.3~0.4m^{2}的对流通风窗3个，下通风窗2个，中间为走道。栽培床架靠两侧，但不紧靠泡沫板墙。床架分5~6层，床面用尼龙网编成，使上下两面均可出菇，扩大出菇面积。

②砖瓦房：先用砖砌房子，规格为长6m、宽4m、边高2.8m、顶高3.5m，上盖石棉瓦。菇房内两侧各设1排床架，上下两排窗。砖砌好后，在屋顶先封3cm厚的泡沫板，再封一层薄膜，最后搭床架。

（2）栽培工艺流程　原料准备→浸料→一次发酵→上床铺料→二次发酵→播种→菌丝期管理→出菇期管理→采收→精料、打打菇房。

（3）播种　当料温降至36℃左右时趁热播种（低温反季节时38~40℃），播种方法有穴播、条播、撒播。在生产上，大多采用穴播和垄式条播。采用穴播时，菌种掰成胡桃大小为宜，穴深3~5cm，穴距8~10cm。垄式条播是草菇高产的一种新方法（每100kg干料可产鲜草菇60kg以上），方法是采用三层垄式栽培，先在地面或床架铺料，宽30~40cm，厚10cm，长度不限，沿四周播一层菌种，麦麸提前用3%的石灰水拌湿后放在菇房内进行二次发酵。在播种中心向内撒一层10cm宽的麦麸带，按上述方法铺第二层料、播种、撒麦麸，最上面铺一层料，料面播一层菌种，并撒少许培养料将菌种覆盖。或于床面覆盖一薄层（1cm厚）火烧土或肥沃的沙壤土，并在土层上适量喷些1%的石灰水，保持土层湿润，再盖上塑料薄膜以保温。

（4）管理与采收　播种后，室温控制在30℃左右，维持料温36℃左右，保持4d后定期揭膜通风，夏天高温季节2d左右即可。如果白天温度高，可将塑料薄膜掀开，并喷些水保持料面湿润，晚上温度低时，再重新盖上薄膜。播种后第四天至第五天要喷出菇水1次，喷水后要适当通风换气，避免喷水后关闭门窗，引起菌丝徒长。在正常情况下，播种后6~7d开始有幼菇形成。此时应注意保温保湿，菇房内的温度变化不宜太大，并适当通风透气。维持料温33~35℃，空气相对湿度90%左右，保持一定的散射光。注意不能用冷水直接喷幼菇，湿度不够大时，可用30℃左右的水喷雾。通常播种后10d左右采收。

3. 砖块式栽培草菇新技术

草菇草把式产量低且不稳产，室内栽培常因鬼伞及螨类为害严重而影响产量。而砖块式栽培草菇具有产量高、易管理、病虫为害少等优点。其要点如下：

（1）培养料的配方　干稻草100kg，米糠5kg，干牛粪5~

8kg，草木灰2kg，石灰2~3kg，碳酸钙1kg。

（2）培养料堆制　方法与室内栽培相同。

（3）草砖块制法　自制数个长40cm、高15cm的正方形木框。将木框上放1张薄膜（长、宽约150cm，中间每隔15cm打一个直径为10cm大的洞，以利通水通气）。向框内装入发酵好的培养料，压实，面上盖好薄膜，提起木框，便做成草砖块。

（4）灭菌与接种　制好草砖块要进行常压灭菌（100℃保持8~10h）。灭菌后搬入栽培室（栽培室事先要进行清洗，用1 500倍的敌敌畏熏蒸），待料温降至37℃以下时进行播种。播种时先把上面薄膜打开，用撒播法播种，播种后马上盖回薄膜，搬上菇床养菌。

（5）栽培管理与采收　接种后5d，将薄膜揭开，盖上1~2cm厚的火烧土。再过3d便可喷水，保持空间湿度在85%~95%，以促进原基的生长发育。一般现蕾后5d就可采菇，第一潮菇采完后，需检查培养料的含水量，必要时可用pH值8.0~9.0的石灰水调节。然后提高菇房温度，促使菌丝恢复生长（有条件可再次播种），再按上述方法进行管理，直到结束。一般整个栽培周期为30d，采2~3次菇。

（五）草菇其他栽培方法

草菇其他高产栽培方法还有床式波浪式栽培、窄行菌床栽培、覆土栽培、塑料袋式栽培等，可参阅有关文献。

（六）采收

一般草菇菇蕾经过5d左右的发育、在菌膜未破裂之前应及时采收。如温度较高，1d应采收2~3次，以免开伞降低质量。采收时注意采大留小，采后的菇体应及时出售或加工。

第九节　竹荪栽培

一、概述

竹荪又称竹参、竹笙、网沙菌等，由于常年生长在绿色竹林中，子实体成熟时，钟形菌盖下面撒下网状菌幕，飘垂如裙，犹如亭亭玉立的少女，故又称它为“竹姑娘”“菌中皇后”，国外更有美名称它为“纱罩女人”“真菌之花”。竹苏属真菌门、担子菌亚门、腹菌纲、鬼笔目、竹荪属。

二、竹荪栽培技术

（一）室内栽培

1. 菇房选择

菇房是竹荪生长发育的场所，要创造适宜竹荪生长发育的条件。菇房要求具有一定的保温、保湿性能，便于通风换气，操作管理方便。周围环境清洁卫生。

菇房的大小要适当，过小利用率不高，过大则不易控制温度、湿度和病虫害。在实际生产中，菇房多以 50~60m^{2}为宜。

菇房的结构应有利于保温保湿，有利于病虫害的防治。地面和墙四周要光洁便于冲洗消毒。菇房应远离厕所、垃圾堆等易感染杂菌的场所。

2. 菇床

菇床可用木料制作，也可用竹子、钢材或其他材料制作，但均应坚固，便于管理。一般床面宽为 1~1.5m，以 4~5 层为宜，层间距 60cm，最低一层离地面 30cm；床架与墙壁之间均应相隔 60~80cm。菇床应与菇房垂直排列，即东西走向的菇房，菇床以南北方向排列为好，每层床上均应有若干加固用的横方，横方之间相距 40~80cm，横方上直铺竹条、竹片、木条或木板，使填入的培养料既能透气又不下露为原则。在竹荪栽培中，也可不用床架，而用塑料周转箱、啤酒箱或木箱，也可用塑料料袋先发菌，发好菌后放入菇箱、菇床或林地中覆土出菇。

3. 竹荪培养料的配制

培养料是竹荪栽培的基础，质量好坏直接关系到竹荪的产量和质量。

（1）培养料的种类　可用来配制竹荪培养料的材料种类很多，主要有以下类型：

①木块或木屑：可以种植竹荪的树种极多，比较好的是壳斗科、桦木科的阔叶树，如光皮桦、棘皮桦、麻栎、栓皮栎、朴树等。将这些树及枝条适时砍伐后截成不同长度的木块，长度一般与所用容器内径相等，宽一般为3~5cm，厚2~4cm。

②竹质材料及农作物秸秆，竹子、竹枝、竹根经破碎后可以使用；玉米秆、玉米芯、黄豆秸、甘蔗渣等也是制备竹荪栽培料的较好原料，但这些材料均需经过粉碎或其他方法破碎。

（2）竹荪培养料的配方

①木块培养料：木块50%，大豆粉1%，麸皮或米糠10%，过磷酸钙2%，玉米芯20%，玉米粉1%，黄豆秆或油菜秆15%，石膏或石灰1%，多菌灵0.2%，pH值自然。

木块培养料是栽培竹荪的最好培养料之一。其中麸皮、米糠、玉米芯、黄豆秆等填充料可用稻草、蔗渣等秸秆类来代替，但这些秸秆均需经过粉碎机粉碎，其中的木块可用木屑来代替，若用木屑代替，培养料中需加入一定的竹块等块状物质，以调节培养料中氧的供给。若无竹块，也可将黄豆秸或油菜秆切成3cm长，掺入其中。

②竹、木培养料：竹叶15%，过磷酸钙2%，竹枝或黄蔑20%，石膏或石灰1%，木屑40%，菜籽饼1%，玉米芯20%，玉米粉2%。

③玉米芯培养料：玉米芯75%，过磷酸钙2%，麸皮或米糠20%，石膏或石灰1%，黄豆粉1%，玉米粉1%，pH值自然。

（3）竹荪培养料的处理

①蒸料法：将上述配备的料混匀后加水，含水量为65%左右。具体做法是用水将原料混湿，以手抓一把攥紧，指缝中含水，用力挤压，能滴出水为宜。料拌好后装人塑料袋，在常压灭菌灶内蒸8~12h。

②煮料法：竹枝等培养料适宜用煮料法处理。竹枝、木块

先用清水浸泡24h，然后水煮2h，摊晾，滤水后与原料混合。

③生料培养的处理：培养料拌好以后，装入容器中直接播种，称为生料栽培。生料栽培时每1kg干料需加25%多菌灵1g，并按料重加入0.1%的辛硫磷或马拉硫磷，以抑制料中的杂菌和害虫。

4. 培养料进房和播种

（1）菇房消毒　进料前菇房要用新鲜石灰水粉刷一次，床架、地面用清水冲洗干净后，用硫黄普遍熏蒸一次。硫黄用量为每立方米空间用硫黄3~4g。熏蒸前地面、墙壁洒少许水，可增加灭菌效果。熏蒸时，房间需密闭，过夜后才能使用。多年使用的老菇房要用甲醛熏蒸。甲醛熏蒸灭菌需用高锰酸钾作氧化剂，通常每1m^{3}空间用10mL甲醛加5g高锰酸钾，房间密闭12h。此法与硫黄熏蒸法交替使用，可收到更好的效果。

栽培结束后的清理也是菇房消毒的一个重要组成部分。因为在竹荪的栽培中，往往会局部地感染病虫害，竹荪收获完毕后，所剩下的培养料往往成了这些杂菌、害虫繁殖的最好场所，若不进行及时清理，必将严重污染菇房及床架，给下季生产带来损失，因此，一季栽培结束后，要及时把剩下的栽培料清理出菇房，清理完毕，菇房应冲洗干净，以便下次再用。

（2）播种　竹荪播种后要有一个适宜菌丝生长发育的温度条件（20~24℃）。发好菌后又要有一个适宜子实体形成和发育的气温条件（18~25℃），才能保证竹荪的产量和品质。因此，利用自然气温栽培竹笋要掌握好下种季节。

用于从瓶中挖出菌种的铁钩，盛菌种用的盆子等工具，在播种前均应用0.1%的高锰酸钾溶液清洗。操作人员的手和用具应用75%酒精棉球揩擦消毒。菌种瓶外壁先用来苏尔或高锰酸钾液擦洗，拔去棉塞，掘出菌种装在容器中，然后播种，一般播种量为栽培料的10%。

5. 菇房栽培竹荪的管理

（1）发菌期的管理　播种后至出菇以前是竹荪的发菌阶段，

这段时间的管理主要是满足竹荪菌丝生长发育的条件，大约要100~120d。菌丝生长50~80d后，应在表面覆土。塑料袋发菌时，则待菌丝长满后再脱去塑料袋，然后再覆土。

（2）播种至覆土前的管理　这个阶段的任务就是要创造一个竹荪菌丝健壮且快速生长的环境，温度应控制在20~25℃（最适温度22℃）。菇房温度最高不得超过28℃，菇房内的空气相对湿度应保持在75%左右。随着菌丝的生长，应注意空气的交换，刚播种的1周内，菇房可不必开窗换气，因为这时竹荪菌丝才开始生长，不会产生过多的二氧化碳，以后随着菌丝生长的加快，呼吸作用增大，需更多的新鲜空气，要注意开窗换气。

（3）覆土　播种10d以后，种穴之间或菌层之间的菌丝已互相长满，部分菌丝已扩展到培养料底部时，在培养料表面盖一层3~4cm厚的土，称为覆土；也可在播种后直接覆土。覆土是为了提高和保持培养料表层的湿度，改变竹荪菌丝的生长环境条件，促使菌丝从营养生长向生殖生长转化，促进子实体原基的形成。覆土材料的选择对竹荪从营养生长向生殖生长转化有很大的影响，应特别注意。覆土应不过沙，也不过黏，喷水后不板结，能保湿，毛细孔多，最好采用从树林或竹木中挖来的新鲜腐殖土。覆土的pH值以6.0~7.0为好，pH值偏小可用熟石灰调节，偏大可用柠檬酸调节。

如果覆土中含有部分虫卵或杂菌，应先进行处理方能使用。杀虫可用辛硫磷或敌敌畏稀释1 000倍液喷洒。杀杂菌可用多菌灵或甲基托布津稀释300倍液喷洒。

覆土前应少量喷一次水，将土调节至湿润后再覆土，覆土的厚度为3~4cm，用木板轻轻地将土粒拍平整，用少量多次的方法在3~5d内调节土粒水分至湿润。调水时雾要细，每次喷水的量要少，一次喷水不可过多，如果大量水流入培养料内，就会引起菌丝萎缩。覆土的适宜含水量为60%左右，可用拇指和食指捏土粒测试，若土粒由圆变扁，既不碎成粉末又不黏手，即为适宜的湿度。

覆土完成以后，还应在覆土上盖一层覆盖物。主要目的是为了调节水分，同时也有遮阴的作用。覆盖物一般采用松针为好，切勿用稻草或竹叶、竹枝覆盖，不然，菌丝易长出覆土，而难以形成菌索而形成菌蕾。

（4）覆土后至出菇前的管理　覆土后的管理以水分控制为最重要，此时的水分管理是关系到竹荪栽培成败的关键因素之一。竹荪菌丝既不耐旱也不耐湿，它经常要在一个不干不湿的环境里才能良好地生长，即它所处的基质和土粒的水分要经常保持在60%~70%，空气相对湿度保持在85%左右。基质和覆土的湿度高了或低了，菌丝的生长都将会受到抑制，甚至死亡。

出菇前，覆土的水分管理原则上要经常保持土粒湿度，每天喷洒一次雾状清水，使水分刚好浸透土层。如果气温低，水分蒸发量小，就要2~3d才浇一次水。

（5）出菇期间的管理　出菇期间，温度应为17~18℃，菇房空气相对湿度为90%左右，室内应不断排除废气，换进新鲜空气，人进入菇房后，感觉清爽舒适，才符合菇房内空气的要求。竹荪出菇期间的水分管理是一项比较复杂的工作。在发菌前期，菇床（箱）上一般不另外喷水，后期适当喷水。子实体形成初期，菇床上少量浇水，但要注意提高室内的空气相对湿度，可在墙的四周地面喷水，使空气相对湿度达到90%~95%。竹荪生长旺盛时期要增加喷水量。喷水管理还应根据具体情况而灵活掌握，晴天出菇少时少喷；菇小时少喷，菇大时多喷；喷养料含水少时多喷，含水量高时少喷或不喷；菇房保湿性能差要稍多喷，否则少喷。喷水要少量多次，喷后要进行通风。

出菇期温度应控制在17~28℃，超过30℃难以形成子实体，长出的小菌蕾也易萎缩。室内栽培一般在9—10月播种，次年春季出菇。此时温度能满足出菇的需要。若出现温度偏高，可加强通风、喷水等措施，使出菇期温度保持在30℃以下，方能正常出菇。

（二）林地栽培

林地栽培法是模拟竹荪在自然条件下生长的一种栽培方式。即把人工培育的纯菌种接种于培养料上，再放到能够生长竹荪的自然环境中去，加以精心管理，以获得良好的收成的栽培方式。此法适宜农村专业户因地制宜，充分利用林地进行竹荪生产。目前，大部分地区采用这种栽培方法。

1. 场地的选择

选场的目的，就是要使菇场适宜竹荪生长发育的需要，选场正确与否是能否取得竹荪栽培成功的基础。场地的选择必须按照竹荪营养生理和生殖生理、生长发育对外界环境条件的不同要求进行。

原则上讲，凡有野生竹荪生长的林地，郁闭度在80%以上的各种竹林和长绿阔叶林均可用作竹荪的栽培场地；没有林地的地方，可搭棚遮阳，人为创造高郁闭度的环境。楠竹林、乔木阔叶林树冠高、个体之间相距较远，遮阴效果虽好，但挡风能力差，一般湿度较低，不宜作菇场。

2. 菇木的选择

（1）树种　除松、杉、樟、楠木等含挥发性芳香物和含毒树种外，大部分阔叶树都能生长竹荪，但由于树木所含营养成分及木材坚硬程度不同，在同样的条件下栽培竹笋，出菇的时间与产菇的年限、产量高低和质量好坏都有很大的差别。

根据竹荪生长特性，选择菇木应掌握的原则是，应选择树皮与木质部紧紧相连而不易脱皮的，保水性能好、水分散失慢的，边材多、芯材少、木质既不太坚硬、又不太松的，枝叶茂盛、生于向阳处的，经济价值不大、容易栽培而速生的，当地资源多的树种。

在生产实际中，一般选用棘皮桦、光皮桦、野樱桃、水冬瓜、朴树、青杠等。

（2）菇木的粗细和树龄　竹荪属于腐生菌，以分解菇木中的纤维素、半纤维素和木质素为营养。但又不少的树种含有醚、醇、类黄酮、芳香油等阻碍竹荪菌丝生长繁殖的有害成分，而这些有害成分大都在芯材中，因此，在一定范围内，小径菇木种植竹荪比大径菇木种植竹荪产量高，种植竹荪的菇木以直径10~15cm、胸高直径7~15cm较为理想。

（3）菇木的砍伐　菇木的砍伐季节以从树叶变黄到树木发芽前为最好。这时树木处于休眠状态，木材中贮藏的营养最丰富，含水分少，树皮也不易脱落，此时气温较低，杂菌和其他害虫危害少。砍树的时间也要与接种的时间相配合起来，一般都在接种前30~50d砍树。因为竹荪属腐生菌，只能利用植物的死体，凡是没有死亡、埋木后还能发芽的树，竹荪难以利用其营养，故而种不出竹荪。树木不是砍倒就死亡，树木死亡的标志是细胞内的原生质死亡，只有原生质死亡了，才不会再生新芽。原生质死亡需要一定时间，这个时间的长短由下列条件决定：

①木质的疏松与紧密：一般来说，木质紧密的再生能力强，木质疏松的再生能力弱。光皮桦时木质比较疏松的树种，如果在晴朗、干燥的时候砍伐，20d后就可接种，如果在阴雨天砍伐就要1个月后才能接种。

②树木的含水量多少：一般来说，含水量少的树木原生质容易死亡，含水量多的原生质不易死亡。含水量的多少又与材质的抗旱性有关。枫香、青杠材质紧密，含水量又多，原生质要1个月以上才能死亡。应在接种前1个月砍伐。

伐树应注意按照菇场规划做好的标志，留好遮阳树。砍伐部分要尽量低矮，以提高木材的利用率，也有利于木材的更新。砍树时不要碰伤和碰落树皮，因为树皮起着保湿保温和保护形成层的作用。

段木砍伐后，截成1m长的小段，断面和破皮处涂上5%的石灰水溶液和波尔多液，以“井”字或“三角形”堆放于通风处干燥脱水。

(4) 其他原料的处理　竹荪段木栽培与香菇完全不同，竹笋栽培后必须覆土才能出菇。因此，在用段木栽培时，需用一些碎料在段木之间起填充作用。这样也有利于竹笋菌丝的迅速生长发育。一般的填充料都是竹枝、竹叶、树叶、树枝、玉米芯麸皮、米糠等。竹枝、树枝要先砍成 2~4cm 长的小段，加温浸泡处理后使用。玉米芯也要先粉碎，再经处理后才能使用，处理方法与室内栽培方法相同。

3. 栽培的过程

(1) 场地的整理和消毒　竹荪培养料准备好以后，即可进行栽培。在播种前 3d 左右进行场地的整理和消毒。在已选择好的菇场上按照自然长度，建 1m 宽的畦，畦的四周挖一条排水沟，清除畦内杂草、枯叶，在畦面上撒石灰进行消毒，以防杂菌侵害菇木。

(2) 接种

①段木栽培接种：接种前，先检查菌种的质量，因为菌种质量的好坏影响成活，而且影响竹荪的产量和质量。选择优良的菌种是保证竹荪栽培成功的关键。优良品种应该是菌龄适中，即菌丝刚刚长到瓶底。老化菌种水分散失，活力降低。选种时还必须注意除去染有杂菌的菌种。

接种前还要检查菇木含水量，通常以冬天砍树，春天接种为好。若段木砍伐的时间过长，已经风干，水分含量低于 20%，在接种前须往段木上喷水，以增加段木的含水量。如遇干旱气候，段木长期得不到水分补充，已接菌种也会干枯死亡。

接种方法因菌种培养材料不同，也有所不同。木屑种的接种方法是用打孔器在菇木接种部位打一个孔，也可用台钻和手电钻打孔，然后将菌种塞入孔内。木塞种，所打孔的内径应与木塞外径一致，不宜过大或过小，大了易松动、脱落，干燥脱水；小了塞入时挤压用力大，使菌丝受伤严重，不易萌发。孔横距一般为 4~5cm，纵向 5~7cm，深 1.5~2cm。由于竹笋菌丝生长缓慢，一般来讲，孔密比空稀为好。

孔打好以后，由接种人员取蚕豆大小的菌种放入孔内，装满为止，切忌压紧和把菌种捏的粉碎。然后用木槌轻轻敲入，使之与段木表面平行。

接种时间应选择在晴天，雨水天接种易染杂菌；接种人员的手、接种工具在接种以前必须进行消毒；打孔与接种应进行流水作业，边打边接种，菌种随用随从菌种瓶内取出；已开用过的菌种瓶内的菌种应在当天用完；接种时最好在树荫下进行，防止太阳光线直接照射菌种；暂时用不完的菌种，要保藏在干燥、阴凉、通风处，光线要暗，上面要覆盖遮阳物。

段木接种完后，立即摆到菇场中挖好的畦上，也可以在发好菌以后再放入畦内。

②木屑栽培接种：在已准备好的畦中，先在底部摊一层经过蒸煮消毒的竹叶，将处理好的木屑平放在畦中，按照一层料一层菌种的方式进行层播。播好后，在料面盖好塑料薄膜发菌，或者是将发好菌的木屑菌筒脱袋后直接摆放在畦中。

在野生竹荪资源较多，而又无制菌种能力的情况下，可以到有竹荪生长的竹林内，挖取带竹荪菌丝的竹鞭等基质，或带有孢子的菌盖到场地接种。可用坑栽（坑内放一层基质）与沟栽（沿竹鞭走向）等方法播种。播种后覆松土，使之稍高于地面。

（3）覆土　竹荪的林地栽培可以接种后立即覆土，也可以接种 1 个月后再覆土，但要注意保湿。保水性能差的段木应立即覆土，覆土的处理方法与室内栽培相同。覆土完成后，应在覆土上覆盖一层松针遮阳。

竹荪林地栽培管理与室内栽培各个时期管理大致相同，只是林地栽培由于有树木、竹林根系对湿度的调节，浇水的次数和量都要少一些。

有时可采用变温刺激、干湿刺激、喷洒 0.5%葡萄糖液等方法促进子实体的产生。

（三）采收和加工

竹荪的采收和加工是非常重要的，不可以掉以轻心。很多菇农由于采收和加工不当，致使竹荪的价值下降一半以上。有时由于采收和加工不当，使一级品变为等外品，造成很大的经济损失。

1. 竹荪的采收

当竹荪菌裙达到最大张度且孢子液尚未流下时采收。采收时首先用刀从菌托底部切断菌索，切勿用手拧拉，因为已形成子实体的菌索连着许多菌索，用力拉扯会使更多的菌索受伤，影响以后的子实体形成。

切下的竹荪子实体，要及时剥离菌盖和菌托。菌盖上有一层具恶臭味的产孢体，孢子成熟后极易液化，若不及时剥离，产孢体液体化，易下滴污染菌裙和菌柄，影响竹荪的质量，使售价下降。

剥离出来的菌裙和菌柄应迅速干制。如果被泥土污染，要及时洗干净。水洗时可用柔软的牙刷刷去被污染处，但要注意尽量保护好菌裙和菌柄，保证其完整性，因为菌裙和菌柄如有破损就要降低等级。

2. 竹荪的加工

（1）干制　采下的竹荪应及时晒干或烘干，然后装入塑料袋内，放入避光、装有生石灰的缸内保存或出售。

（2）包装　竹荪应分级包装，按大小、色泽和完整程度进行分级。分级标准是：

一级：长 12cm 以上，宽 4cm，白色、完整。

二级：长 10~11cm，宽 3cm，色米黄。

三级：长 8~9cm，宽 2cm，色黄或污，稍有破损。

四级：长 7cm 以下，色深，不完整。

分级分拣完成后，可用聚乙烯塑料袋包装封口，一般每袋 50g。加上注明产品名称、数量、产地、防雨、防潮及小心轻放等标记。

第十节　灵芝栽培

一、概述

灵芝俗称灵芝草，古代又称为仙草、瑞草、木官花，在真菌分类学中属于担子菌纲、多孔菌目、多孔菌科灵芝属，有100多个种，其中红芝为主要的药用灵芝。野生灵芝主要分布在热带和亚热带，海南是灵芝资源最丰富的地区。

二、灵芝栽培技术

灵芝人工栽培主要目的是获得子实体和孢子粉，以往常采用室内瓶栽法栽培，近年来逐渐改为室外建荫棚，棚下培养袋埋畦法以及室内代用料袋栽培法，此外，还有枝桠柴截段制作培养袋以及段木栽培法。

（一）袋栽工艺流程（图4-2）

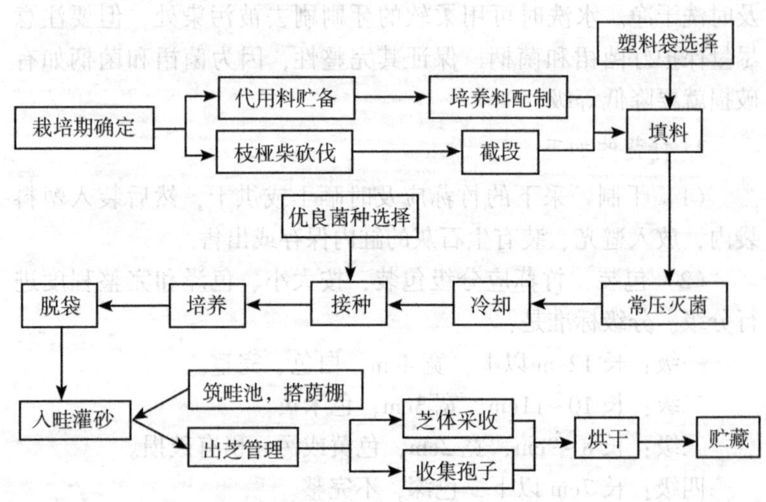

图4-2　灵芝代料及短段木栽培工艺流程

（二）塑料袋室内栽培法

1. 栽培时间的确定

灵芝栽培季节宜安排在当地平均气温稳定为20～23℃时为始栽期。向前推25～30d，则为栽培袋制作期。大面积栽培可再推前10d。

2. 培养基配制

（1）配方　常用配方有如下3种：

①木屑70%，麦麸28%，蔗糖1%，石膏1%。

②木屑80%，麦麸18%，蔗糖1%，石膏0.7%，尿素0.3%。

③秸秆75%，麦麸2%，蔗糖1%，石膏0.7%，尿素0.3%。

（2）培养料的制配方法

①称料：选定配方后，按配方比例称料。

②拌料：按配方的料水比1.55∶1逐步加入清洁的水，可将蔗糖、石膏、尿素等辅料溶于水再入料。拌料要均匀，让料充分吸透水，以握紧能成团，放松能散开，指缝见水影而不滴水为度。拌好后，堆放半小时再入袋。

③装袋：选择高压聚丙烯或高密聚乙烯塑料薄膜筒袋，薄膜韧性好、拉力强、无砂眼，筒袋直径15～20cm、长28～30cm，两端开口。填料松紧度要适中，若填料过松，虽然前期菌丝生长较快，但易老化，培养料易干缩，造成后期营养不足，难形成菌盖，若过紧则通气性能较差，菌丝生长缓慢，迟出芝。

塑料袋两端用棉纱扎紧，但勿反扎，或在料袋端套上环套，塞上棉塞，每袋干料为200～250g，若用短木条栽培，可选用宽15cm、长33cm的塑料袋作为容器，将上述树木枝条截成15cm小段，若枝桠口径过大可劈成小块，以能填入袋为度，根据枝桠柴的质量，按上述配方加入米糠或麦麸等辅料。为了防止袋被刺破，可先将短段木放入袋内，再填入辅料压平，扎口，或套上环套并塞上棉花塞。

3. 灭菌

一般采用常压灭菌，料温上升到 100℃后保持 8~10h。灭菌时应开始猛火加热，驱赶锅内冷空气，使料温快速达到 100℃，锅与袋要留有一定空隙，使蒸汽流通快，灭菌彻底。

灭菌时间达到以后，停一段时间，让其自然降温后，可打开锅门，出锅后置于冷却室或干净房间排放好待用。

4. 接种

灭菌后，待袋料温度下降至 30℃以下时，即可按常规的无菌操作规程在接种箱内接种，每瓶菌种接 10~20 袋，接种块以花生仁大小为宜，同时还要尽量把种块接入孔穴中，以便尽快封面，缩短栽培时间，以免菌丝尚未蔓透培养料，子实体原基就已形成。

5. 出菇管理

(1) 菌丝体阶段管理　接种后的栽培袋搬入培养室，置于培养架上，每架不宜超过 3 层。室内温度保持在 26~28℃，空气相对湿度宜在 60%~70%。约 1 周后菌丝即可覆盖培养基表面，并向下蔓延 1~2cm，进入旺盛生长期，培养 25~30d 后，菌丝长满全袋。再经过 10~15d 培养，菌丝达到生理成熟。

当菌丝长满培养袋后，可给予散射光，诱导芝原基形成。此时如果环境条件适宜，处在基质表面的菌丝扭结成白色或黄色的小疙瘩，表明菌丝体已进入生理成熟，转入生殖生长阶段，此时可把袋口的棉花塞或牛皮纸解开，增加空气湿度，使之保持在 90%左右，气温宜保持在 28℃左右。此阶段的管理要点是保温保湿，增加散射光，防止芝原基萎缩。

(2) 子实体形成阶段的管理　子实体形成的最适条件是温度为 26~28℃，相对湿度为 85%~95%。为了给子实体形成创造良好的环境条件，一般情况下每天室内喷水 2~3 次，具体视天气情况灵活掌握，雨天少喷（或不喷），晴天多喷，并注意通风透气，如二氧化碳浓度过高，菌柄会产生很多分枝，造成品质低劣，产量低下。

菌盖的生长方式是一轮轮沿水平方向向外生长，同时向下生长形成菌管，当菌盖边沿的生长点消失，变成品种特有颜色时，便不再扩展而定型，意味着进入成熟阶段。

菌盖生长结束并不意味整个生长过程完成，因为菌管中的孢子还处于继续发育阶段，直到菌管散发孢子粉，孢子完全释放，生长过程才算完成。

（三）塑料袋室外棚埋畦栽培法

1. 埋袋

将生理成熟的栽培袋搬入预先设置好的浅畦沟坑内，用刀片划破塑料袋，取出菌柱竖放坑内，随放随用干净湿细砂或腐殖质含量较低的湿表土填充菌柱之间的空隙，并覆上1~2cm厚的细砂，淋些水，最好覆盖薄膜。

或取出生理成熟的袋料菌柱，捣碎成块状，平铺于浅畦内，稍压实，厚度约为10cm，其上覆盖薄膜，数天后菌丝恢复，重新结块，当表面发白时，在料面铺上厚2cm的细湿土，再覆盖薄膜，为防水分过度蒸发或雨水流入，可在畦沟上方建拱棚。

2. 管理

灵芝子实体发育温度为22~35℃，若提前入畦，气温达不到发育温度，子实体原基不能分化，则应以增加畦温为目标进行管理，比如增加光照强度，延长光照时间。

一般到5月中、下旬，幼芝陆续破土。如氧气供应充足，菌柄原基在环境条件合适情况下，在柄顶端光线充足一侧，出现小突起，并向光照方向扩展，此时要求有较高的空气相对湿度，江南一带已进入雨季，空气湿度较高，除了大晴天要喷水增湿外，一般情况下相对湿度是足够的。气温较高时，要注意菌盖边缘上分化圈的颜色变化，防止变灰，一旦变灰，即使增大湿度也不能恢复生长。

5月下旬至6月上旬，在高海拔地区气温较低，夜间要关闭畦上荫棚增温，白天打开以防二氧化碳浓度过高而产生“鹿角芝”(只长柄，不分化盖)，此期通风是保证芝盖正常展开的关键。6 月以后，气温已稳定在 22℃以上，实践证明，25℃左右子实体生长慢，质地紧密，皮壳发育较好，有光泽。

30℃时，子实体发育快，个体发育周期短，质地不紧密，菌盖薄，色泽也较差。

温度变化大也不利于子实体分化和发育，易产生厚薄不均的分化圈。

6 月中、下旬，梅雨季节已结束，逐渐以晴天为主，为了保证充足的空气相对湿度，可采用加厚遮阴物来解决，但不能过暗，否则影响灵芝菌盖的展开和色泽。

当菌盖表面呈现出漆样光泽，成熟孢子从菌盖下方针状菌管内不断散发时，便可采集子实体或收集孢子粉。在适宜的条件下，再经 20~30d 可再次形成原基。

室内荫棚埋畦法栽培比室内袋栽可增收 30%~80%，灵芝菌盖的形状、色泽好，个头大，但温度和湿度不易控制。

(四) 灵芝的段木栽培

灵芝段木栽培主要是利用小口径段木，对大口径段木可采用生料短段木栽培。

1. 种树的选择与处理

种树主要选用油脂和芳香类化合物含量低的阔叶树木，如栎、柞、栗、桦和其他硬杂木。

(1) 砍伐时间　段木的砍伐时间以树木落叶到发芽前为宜。

(2) 截段　把树砍下，剥去枝叶，截成 1m 长小段，大口径段木则可截成长度为 15~20cm 小段。

(3) 堆放　在段木截面处涂上石灰浆，以防杂菌污染，堆放 7~15d，易返青的树木堆放久些，以防接种后返青过程，造成菌种死亡。

2. 接种

用冲击钻在段木上打洞穴，穴深不少于 1.5cm，株形距 5cm，呈品字形排列。大口径短段木则要在横截面上打孔，规格可同上。

打孔后可将菌种，木屑、米糠按 1∶3∶1.8 加蒸馏水混合至湿润，涂在孔穴内，然后用专用涂料封穴或涂在孔穴及整个断面，高度为 5~10mm，外厚内薄。

3. 发菌

将接种后的木材堆放在培养室或室外荫棚中，注意保温保湿，不能雨淋日晒，堆高 1m，排成“井”字形，并在其上覆盖薄膜。

如果是大口径短段木，为了保湿，则可每 3~4 段叠成一筒再用木板纵向钉牢，最后用薄膜覆盖。

堆放好后，在中午温度较高时进行通风，并在半个月或 10d 内喷一次消毒杀菌药水防止污染。7~10d 翻堆一次，上、下对调，内、外对调，以保证温湿均匀，发菌一致。气温稳定在 20℃时，便可进行出芝管理。

4. 埋料

段木内菌丝发育成熟时，即把段木截成 20cm 的小段，埋入预先整好的畦内，深度视畦床土质、透气性能、渗水性能而定，一般为 10cm 左右，每段间隔 10~20cm（管理同上述袋料外荫棚栽培法）。

（五）采收

灵芝的采收标准是盖已充分展开，色泽变红，胶质革质化，正开始弹射孢子。此为成熟标志，应及时采收。采收过早，子实体幼嫩，未长足，产量低；采收过迟，子实体衰老，药效差。

瓶、袋栽采收后仍可放回原处继续栽培，还能继续出芝，段木栽培，一般可产两年。灵芝采收后，剪除柄基部的菌蒂，及时晒干或烘干，置于塑料袋内妥善保存，并每月进行一次检查复晒，防霉防蛀。

灵芝的深加工方面具有广阔前景，除制成灵芝干品外，还可提炼多糖，制成酊剂、片剂、胶囊、丸类，浸酒及制成灵芝孢子粉冲剂等。

第十一节　猴头菌栽培

一、概述

猴头菌又称刺猬菌、阴阳菌、对脸磨、山伏团（日本）。属于多孔菌目、齿菌科、猴头菌属真菌。

二、猴头菌栽培技术

（一）菌种选择

猴头菌品种一般分为春栽中温型和秋栽中低温型两大类。春栽品种多为春季发菌，春夏之交正值出菇，出菇温度为13~28℃，如猴杰2号、云猴1号、高猴He等品种；秋栽品种多为夏秋之交发菌，秋季低温出菇，出菇温度为10最适温度为16~22℃，如瑞大98.911、猴丰等品种。

猴头菌优良菌株要求早熟、高产、高抗、质优，菌丝粗壮洁白，菌龄25~30d，无污染等。同时要求扩繁栽培种时，以菌丝体在瓶（袋）内吃料达到2/3即可显现原基为好。

（二）栽培工艺

猴头菌栽培有两种方法，一种是瓶栽，此方法是将瓶子横卧在地面上摆放成墙状，两侧出菇；另一种方法是袋栽，采用床架式或墙式出菇。出菇场地多选用塑料大棚和阳畦栽培。

1. 培养料的配制

栽培猴头菌的原料很多，常用的配方如下：

①杂木屑60%，棉籽壳18%，麸皮20%，糖1%，石膏粉1%。

②杂木屑78%，麸皮20%，糖1%，石膏粉1%。

③玉米芯78%，麸皮20%，糖1%，石膏粉1%。

④玉米芯45%，豆秸粉38%，麸皮15%，糖1%，石膏粉1%。

⑤玉米秆、稻草粉碎后各40%，米糠18%，过磷酸钙1%，石膏粉1%。

⑥稻草60%，杂木屑20%，麸皮18%，糖1%，石膏粉1%。

2. 瓶栽

瓶栽猴头菌一般采用口径为3~5cm、容积为750mL的化工瓶，或猴头菌栽培专用瓶。罐头瓶不适合栽培猴头菌，因为玻璃罐头瓶的瓶口较大、原基多、子实体分散，不易形成个大、质优的子实体。

（1）拌料　首先从培养料配方中任选一种，然后按配方称料，按常规将原料混合加水拌匀，使料的含水量控制在60%~63%。如果原料主要是木屑，拌料时应略干些，湿度不能超过65%，因为木屑吸水性较强，再蒸料灭菌时能吸收大量水蒸气而增加一定的湿度。拌完料以后将料堆成堆，闷4h左右开始翻堆，使料的湿度均匀，同时检测pH值，拌好的料pH值应调为5.0左右。

（2）装瓶　装料时要求边装料边振动，装满瓶，稍压平实，料面离瓶口1~2cm。装完后要擦净瓶口，用双层牛皮纸扎封瓶口。

（3）灭菌、接种　装好培养料的瓶要经高压或常压蒸汽灭菌，之后搬入无菌室内冷却到28℃时开始接种。在无菌条件下逐渐接入大枣大小块的菌种稍加压实，使菌种与料面紧密接触，以利吃料、发菌。食用菌中应选择优良的猴头菌种，要求菌丝洁白致密，上下均匀，无菌丝间断，表面菌丝生长旺盛，菌龄应控制在25~30d。若发现瓶壁积水或脱水现象。或菌丝发黄、细弱、稀疏、长势不旺盛，说明菌种老化、退化，生活力下降，这样的菌种不可使用。然后进行发菌管理与出菇管理。

3. 袋栽

（1）拌料、装袋　配料方法及过程与瓶栽相同。装袋用 13cm×35cm×0.05cm 低压聚乙烯筒袋。要求分层压实，袋口处理干净后扎紧灭菌。

（2）灭菌、接种　按常规进行常压蒸汽灭菌，灭菌后搬至接种室冷却后接种。接种时用打孔器在料袋的同侧打 4 个孔径为 2cm、深为 1.5cm 的孔穴，然后用接种工具将菌种填入空穴内，随即封上胶布。注意接种过程必须严格按无菌操作规程进行。

（三）管理与采收

1. 发菌管理

接种后的菌瓶（袋）应整齐地排放在培养室的层架上，室内温度应保持在 21~25℃。空气相对湿度控制在 60%左右，湿度不能过高，否则瓶口容易污染。发菌阶段要保持室内空气新鲜，定时通风换气。培养是在整个发菌阶段多必须处在全黑暗的环境。因为有散射光的照射，容易出现菌瓶尚未发满就会从表面产生原基，有的甚至接种仅 1 周也会产生子实体原基。子实体原基发生得早、数量多，就会造成养料供应不足、球块小、商品价值降低。因此，发菌管理控制光照是关键。当菌丝发满瓶（袋），达到生理成熟后移进菇棚，去掉封口纸（薄膜），把菌瓶排放成墙。排法是将上、下两层的瓶口相反放置，共排 10 层。为避免瓶墙倾倒，可以用立柱拉绳加以固定，两墙之间留出通道；若是袋栽，应将袋口打开，排放成墙式两侧出菇。

2. 覆土栽培

菌袋发满后，菌丝体达到生理成熟后开始作畦。先挖深 20cm、宽 1.2cm、长不限的土坑，坑底铺 2~3cm 厚事先制备好的耕作土层。采用 13cm×35cm 的袋栽，菌丝体发满后脱去底部 1/2 袋膜，脱袋后，将脱袋端垂直向下立放在畦坑底部，袋间空隙 1~2cm，用土填实，排满畦后覆土至袋口。如果不是在大棚内出菇，还需要搭棚盖草帘和薄膜。

3. 出菇管理

(1) 光照　加强散射光刺激，诱导菇蕾的形成，光照强度在200~400lx为宜。

(2) 温度控制　菇蕾初期，温度应控制在12~15℃，当菇蕾形成以后，球块较大时，温度需控制在18~20℃。此时温度不能超过22℃，否则子实体长速过快，球块松软，组织不致密，色泽变黄，品质差，商品价值低。

(3) 湿度　空气相对湿度控制在85%~90%。喷水的方法是用喷雾器向棚内地面和空气中喷雾水，不能直接向菇蕾喷水。一般晴天每天喷3~4次。当子实体较大时，可以加大喷水量，同时可直接向子实体喷水。若覆土出菇，覆土后要喷一次重水，以后每天上部土层喷水或用水沟灌水，保持覆土湿润。

(4) 通风　出菇期间要加强通风换气，保持棚内空气新鲜。因为猴头菌对二氧化碳特别敏感，当二氧化碳浓度达到0.1%时，子实体生长就会受到抑制，并引起分枝，形成珊瑚状的畸形菇。菇棚每天通风3~4次，每次0.5h左右为宜。

4. 采收

猴头菌最佳采收期是子实体发育的中期。这个时期是菌刺形成期，子实体增大，圆整洁白，内部菌丝生长密实，手捏较硬，菌丝长0.4~0.6cm。若用显微镜检查无成熟的孢子，球块圆整，肉质坚硬，营养丰富，氨基酸含量最高，干物质积累也较多，商品价值较高。

猴头菌一般可采收3批，第一、第二批产量最高，质量也最好。采收后应停水2~3d，并揭膜通风半天，同时调温21~24℃，相对温度控制在75%左右。转潮期约为1周，当菇蕾形成后，再把温度降至16~18℃，相对湿度提高到90%左右，以促进子实体生长。

将采收后的猴头菌剪去带有苦味的菌柄，及时进行处理，否则采下的猴头菌还会后熟，组织老化，苦味加重，降低商品价值。一般处理方法有 3 种：

①采收后对猴头菌进行烘干或晒干：如果烘烤，温度应控制在 50~60℃，然后将干品用塑料密封保存。

②盐渍处理：用清水洗净鲜猴头菌，然后将其放在 0.1%柠檬溶液中煮沸 20min，捞出后立即用凉开水冷却，随后铺一层猴头菌撒一层盐。盐的用量为鲜猴头菌重量的 25%，最后压上干净木板浸入适量的冷开水中淹没。方法类似腌制咸菜，食用时用冷水清洗脱盐。

③鲜品直接用塑料袋密封：此法用臭氧发生器向装有鲜猴头菌的袋内注入臭氧气体，然后密封保鲜，保质期可以达到 40d 左右。

第十二节　蛹虫草栽培

一、概述

蛹虫草又名北冬虫夏草。属子囊菌亚门、核菌纲、球壳菌目、麦角菌科、虫草属真菌。蛹虫草是与冬虫夏草极为相近的一个种，具有极高的药用价值和经济价值，在国际市场上深受人们的重视。近年来国内有关蛹虫草的人工驯化、菌种选育、高产栽培及其开发利用都有了很大的发展。

二、蛹虫草栽培技术

（一）菌种培养

首先进行虫草菌的分离，即在无菌条件下，用接种针等器械从蛹虫草子实体上挑取少许菌块，置于培养基上进行培养。

1. 菌种培养方法

常见的分离方法有以下几种：

(1) 组织分离法　蛹虫草菌的分离大多采用组织分离法。组织分离法是直接切取蛹虫草的子座部分或菌核部分的一小块组织，经表面消毒和无菌水洗过以后，在无菌操作条件下，由蛹虫草体上转移到培养基上的过程。切取组织的大小要适宜，一般切取 1mm 左右的小块。组织切取过大，会增加杂菌污染的机会；组织切取过小，在表面消毒过程中易将该组织杀死，也相应地延长了蛹虫草菌种的生长时间。

（2）稀释分离法 首先用硫酸纸或不易透水的其他用纸制成小口袋，套于天然生长但尚未成熟的蛹虫草子座上。待虫草成熟后，子囊孢子即弹射出来，附着于纸袋内壁上。取附着有子囊孢子的纸袋 100 个，浸于 1∶10 的土壤浸液中，2h 后用小刀等器械仔细把子囊孢子从纸袋上刮出，收集于离心管中，1 000r/min 离心 10min 后，弃掉上清液，用土壤浸出液反复洗涤 5 次，以 10%、20%的蔗糖溶液分别洗涤 3 次后，再用 50%蔗糖溶液离心 30min，收集含有子囊孢子的上浮液，放于含有庆大霉素（100U/mL）的 1∶1 土壤浸出液中，在 15~20℃的温度下培养 3~6d 后，按上述操作过程进行稀释分离，便可在培养基中进行培养。

（3）单孢分离法 单孢分离法实质上是稀释分离法的一种。按照稀释法中分离和制备孢子的方法得到孢子液后，取发芽的子囊孢子悬液，滴于 20%琼脂平板上后，在 100 倍显微镜下用接种针挑取单个发芽的孢子，接种于分离培养基上，置于 15~20℃室内恒温培养，并经常在显微镜下观察其生长情况。

2. 蛹虫草分离常用培养基

（1）马铃薯葡萄琼脂培养基（PDA） 马铃薯 200g，葡萄糖 10~20g，琼脂 17~20g，水 1 000mL。该培养基是使用最多的一种培养基，在蛹虫草的分离中，作为对培养基的筛选和比较试验而经常用到。

（2）广泛用于虫草类分离用的培养基 土壤浸液 100mL，琼脂 15g，水 900mL。该配方中土壤浸液的制作方法较为简单，即取土样 1kg、水 1 000mL，用高压蒸汽（121℃）蒸 30min，浸液加滑石粉后用双层滤纸过滤，酸度调节到中性即可。

（3）适于分离蛹虫草及其无性阶段的土壤真菌培养基　磷酸二氢钾 1g，硫酸镁 0.5g，蛋白胨 5g，葡萄糖 10g，琼脂 20g，蒸馏水 1 000mL。配制这种培养基，应在各种成分溶解于水中后，分装试管并灭菌。

（4）蛹虫草菌种分离用培养基　蛋白胨 10g，葡萄糖 100g，硫酸镁 0.5g，磷酸二氢钾 1g，琼脂粉 20g，生长素 1~5mL，蒸馏水 1 000mL。

（二）栽培工艺与管理

1. 寄主蛹虫草的栽培

（1）寄主昆虫的饲养　要进行蛹虫草的人工栽培，必须大量饲养寄主昆虫。近来关于用家蚕培养蛹虫草有不少报道。饲养虫草寄主昆虫的技术环节很多，主要包括两个方面，一方面是对昆虫各个虫态的处理和操作；另一方面是对饲料和饲养环境的处理，如更换饲料、提供化蛹和产卵的场所、条件等。

（2）寄主昆虫的接种　根据虫草寄主昆虫的生活习性，以及虫草菌的特性，选择具有较高感染机会而且适于这种虫草形成的接种方法进行接种。接种时，可在幼虫阶段进行。先用蛹虫草的子囊孢子造成较浓的孢子悬液，以获得较大的感染机会，还可在幼虫的食物中混入虫草的菌丝体。然后检查幼虫是否已经感染上虫草菌，一般可以通过虫体外壳的颜色来判断。当幼虫感染菌丝数天以后，虫体的外壳就会出现极为明显的退色现象，即由深褐色转为淡黄色。凡是感染上菌种的幼虫，动作逐渐迟缓，以至最终全身批上灰白色菌丝而死亡僵化。

（3）菌丝的培养和子实体的形成　接种 10~15d 后，虫体即可发病僵化，随后放在室温 24~26℃，相对湿度 90%以上，室内在自然光线的条件下，进行子实体的促成培养。2~3d 后，在寄主表面出现棘状黄色突起，随着突起的逐渐伸长，形成一定高度的子座。从接种到子座成熟的时间，因寄主不同而稍有差异，一般为 30~35d，长者 45d。子座可从寄主的任何部位长出。与天然蛹虫草相比，生产周期由一年缩短至30~35d，每平方米面积干品250~300g，为开发利用蛹虫草提供了新的、实用、快速的途径。

2. 大米培养法

（1）培养基的选择与接种方法　用大米培养基原料易得，但大米必须新鲜、无味、无霉变。常用下列几种配方：

①大米100%，加一定数量的水。

②大米70%，玉米渣30%，磷酸二氢钾1.5g溶于1 000mL水中。

③大米97%，蚕蛹粉1%，葡萄糖1%，蛋白胨0.5%，硫酸镁0.01%，磷酸二氢钾0.01%，维生素$B_1$0.01%。

料水比为1∶（1.6~1.8）。然后装瓶，装后容量占罐头瓶的1/4~1/3。封瓶口，灭菌，高压0.15MPa压力下灭菌1h。常压灭菌，在锅内温度达100℃时灭菌6h，闷2~3h后取出放到接种室（箱）内，在无菌条件下进行接种。方法是取蛹虫草的原种一小块接种到培养基的中间。

将接完种的栽培瓶放到培养室中的床架上摆放好，室内要保持清洁卫生。

（2）菌丝体的培养　在菌丝体的培养阶段主要是控制好温度，要求室内15~18℃，最好是恒温。室内要避光，门窗用黑布遮挡。每天通风1~2次，每次20~30min。空气相对湿度为65%~70%。大米培养基经过25d左右的养菌，菌丝可以吃透培养料。当菌丝吃透培养料时即可给予散射光。经6~8d，白色菌丝逐渐转为橘黄色，完成了它的转色阶段。

（3）刺激子实体的分化　当菌丝体完成转色后，要创造条件刺激子实体的分化，这是出草的关键。常用的方法有以下几种：

①温差刺激：蛹虫草子实体生长温度为15~25℃，故在20℃向下降10℃左右为宜，可利用昼夜温差，连续刺激10~15d。

②光线刺激：要求每天光照12h以上，光线强度200lx。

③机械刺激：可用铁丝或钢针在培养基表面间 1cm×1cm 划 2mm 深的方格，给予机械刺激。

（4）出草管理　当大米培养基的表面呈现橘黄色并有乳头状突起时，就进入到出草管理阶段。这时要注意以下几点：

①温度：子实体生长温度一般在 15~26℃，最适为 20~22℃。

②湿度：空气相对湿度在 85%~90%，空间喷雾状水，使整个空间保持湿润，地面也要经常喷水。

③通风换气：每天通风换气 2~3 次，每次 20~30min。大风天注意缩短时间，通风时结合喷水进行。通风可防止徒长和子实体畸形。

④光照：要求每层床架都应有明亮的散射光，而且光照要均匀，因为蛹虫草的趋光性很强，防止一边倒或子实体扭曲。

(三) 采收

当菇蕾不断伸长，形成下粗上细的棒状子座时，蛹虫草即成熟。采收时去掉薄膜，用带弯头的小铁铲，从子实体根部轻轻铲起，应不伤子实体，不带培养基。产品阴干或烘干，切忌太阳暴晒。

在采收第一批子实体后将料面整理好，重新封好瓶口，进行养菌，保持空气相对湿度 80%左右，10d 左右第二批子实体便很快长出来。

利用大米培养基生产的蛹虫草，子实体形态与天然的蛹虫草十分相似。其生产周期为 90~100d，每平方米产量可达 1 800 g 左右，可缓解市场上冬虫夏草短缺的矛盾，有望成为天然冬虫夏草的替代品。

第十三节　姬松茸栽培技术

一、概述

姬松茸栽培与双孢菇栽培有许多相似之处。姬松茸的栽培有熟料栽培和发酵料栽培两种方式，发酵料栽培具有成本低、产量高、管理方便、易于推广等优点，本节主要介绍发酵料栽培。

二、栽培技术

1. 栽培季节

姬松茸属中温型菇类。子实体在 16~26℃ 均能发生，18~21℃最适宜。温度偏高时生长快，菇薄且轻，温度偏低，生长慢。在福建，一般春秋两季栽培，春季在 2 月上旬至 4 月中旬堆料播种，秋季在 7—8 月堆料播种。我国幅员辽阔，各地区应根据当地自然气候特点，选择最佳季节。

2. 培养料配方

（1）稻草 58%，干牛粪 40%，石膏粉 1.5%，石灰 0.5%。

（2）稻草 58%，木屑 30%，干牛粪 9.7%，尿素 0.3%，石膏粉 1.5%，石灰 0.5%。

（3）稻草 43%，棉籽壳 43%，干牛粪 7%，麸皮 6%，石膏粉 1%。

（4）稻草 42%，蔗渣 41%，干牛粪 10%，麸皮 6%，石膏粉 1%。

上述配方供各地栽培时参考。姬松茸可利用的原材料广泛，栽培者可根据各地自然资源，选择配制培养料。

3. 堆制发酵

在播种前 12~20d 按常规法堆制发酵。发酵过程中翻堆 3~4 次。尿素在建堆时与主料一起加入，石膏、石灰等在第二次翻堆时加入，最后一次翻堆时调整培养料含水量至 60% 左右，覆盖薄膜，闷杀害虫。

4. 作床铺料

菇棚立体栽培：搭床架 3~4 层，层架之间距离 60cm，宽 90cm。将发酵好的培养料抖散铺在床面上，料厚 15~20cm，用料量 20~25kg/m^2。

5. 播种

将发酵好的原料铺在架子上，厚度约 10cm，撒一层麦粒菌种再铺 5cm 料，再撒一层菌种，菌种用量为 3~4 瓶（菌种）/m^2，最后在表面再盖少量的料，轻轻拍实即可。

6. 养菌

养菌温度以 22~26℃为宜，培养料含水量以 60%~70%为宜，养菌期不需要光线，pH 值以 6.0~7.5 为宜，播种 3d 以后，做好通风换气和料基的保湿工作。

7. 覆土

养菌 20d 左右，当菌丝长到整个培养料的 2/3 时开始覆土。选择沙质土，取耕作层以下的土壤，用石灰粉调 pH 值 7.0~8.0，闷堆 2d 使用。在草料表层覆土 2~3cm 厚，保持棚内温度 22~30℃，15~20d 后，菌丝爬到土粒间及表层。

8. 出菇管理

当床面长出大量菇蕾时，菇棚温度应控制在 20~24℃，每天喷水 1~2 次，保持空气相对湿度 80%~90%。菇蕾长至 2cm 时，加大通风量，增强光照。姬松茸整个生长期可采四潮至五潮菇，每潮间隔 10~15d。采收后要清理床面，清除残留菇、萎蔫菇、死菇。停水 3~5d 后，应重新补土，加大通风量。

9. 采收

菌盖呈半球形、菌膜未破裂、菇盖未开伞、子实体八分成熟时采收。采收前 1 天应停止向菇体喷水。采菇时左右旋转菇柄基部，轻轻拔下。切去菇根，防止菇柄带土，采后应及时加工。

第十四节　杏鲍菇栽培技术

一、概述

杏鲍菇又称为刺芹侧耳、杏仁鲍鱼菇。现在人工栽培分布较广。杏鲍菇菌肉肥厚，质地脆嫩，特别是菌柄组织致密、结实、乳白，可全部食用，且菌柄比菌盖更脆滑、爽口，被称为“平菇王”“干贝菇”，具有愉快的杏仁香味和如鲍鱼的口感，适合保鲜、加工。经常食用对预防和治疗胃溃疡、肝炎、心血管病、糖尿病有一定作用，并能提高人体免疫力，是人们理想的营养保健品，备受消费者欢迎。

二、栽培技术

（一）栽培季节

杏鲍菇菌丝生长温度以 25℃左右为宜，出菇的温度为10~18℃，子实体生长适宜温度为 15~20℃。因此要因地制宜确定栽培时间，山区可在 7—8 月制袋，9—10 月出菇；平原地区 9 月以后制袋，11 月以后出菇。根据杏鲍菇的适宜生长温度在北方地区以秋末初冬，春末夏初栽培较为适宜；南方地区一般安排在 10 月下旬进行栽培更为适宜。

（二）培养料配方

杏鲍菇栽培培养料以棉籽壳、蔗渣、木屑、黄豆秆、麦秆、玉米秆等为主要原料。栽培辅料有细米糠、麸皮、棉籽粉、黄豆粉、玉米粉、石膏、碳酸钙、糖。生产上常用培养料配方有以下几种。

（1）木屑 73%，麸皮 25%，糖 1%，碳酸钙 1%。

（2）棉籽皮 90%，麸皮 10%，玉米面 4%，磷肥 2%，石灰 2%，尿素 0.2%。

（3）棉籽皮 50%，木屑 30%，麸皮 10%，玉米面 2%，石灰 1.5%。

（4）玉米芯 60%，麸皮 18%，木屑 20%，石膏 2%，石灰适量。

（5）木屑 60%，麸皮 18%，玉米芯 20%，石膏 2%，石灰适量。

（三）栽培袋制作

制作栽培袋过程与金针菇等相同。须注意原料必须过筛，以免把塑料袋扎破，影响制种成功率，一般选用 17cm×33cm、厚0.03mm 的高密度低压聚乙烯塑料袋折角袋，每袋湿料质量为1kg 左右，料高 20cm，塑料袋内装料松紧要适中。常压蒸汽100℃灭菌维持 16h。料温下降到 60℃出锅冷却，30℃以下开始接种。

第十五节　茶薪菇栽培技术

一、概述

茶薪菇，也称杨树菇、柱状田头菇、柳松茸、柳环菌等，隶属粪锈伞科、田头菇属，是近年来新开发的食用菌品种之一。子实体单生、双生或丛生，菌盖直径 2~8cm，表面光滑、浅褐色，菌肉厚 3~6mm，菌柄长 3~8cm，粗3~12mm，中实，表面有条纹，浅褐色，菌环着生菌柄上部。茶薪菇子实体味美鲜香，质地脆嫩可口，含有丰富蛋白质，是欧洲和东南亚地区最受欢迎的食用菌之一。

中医认为其性平、味甘，有利尿、健脾胃、明目、提高免疫力的功效。

二、栽培技术

（一）工艺流程

备料→培养基配制→装袋（瓶）→灭菌→冷却→接种→培养→出菇管理→采收加工

（二）技术要点

1. 原料选择与培养基配方

茶薪菇系木腐菌，以阔叶树木屑、棉籽壳或作物秸秆等为主原料，添加适量的麸皮、米糠、玉米粉、豆饼粉、油粕、混合饲料等，菌丝均能旺盛生长和形成正常子实体。

培养基配方：

（1）阔叶树木屑40%，棉籽壳40%，麸皮（或米糠）14%，玉米粉（或豆饼粉）5%，石膏1%。

（2）棉籽壳80%，麸皮（或米糠）14%，玉米粉（或豆饼粉）5%，石膏1%。

（3）阔叶树木屑69%，麸皮30%，石膏1%。

（4）阔叶树木屑89%，混合饲料（或油粕）10%，石膏1%。

以上各培养基配方的含水量均为65%~75%，pH值为5~6最适。

2. 培养基制作与培养

培养基制作方法同其他袋栽（木腐型）食用菌。茶薪菇栽培多采用规格为17cm×（33~38）cm的聚丙烯塑料袋熟料栽培，也有采用15cm×55cm低压高密度聚乙烯菌筒栽培或瓶栽。短袋栽培时配有套环和棉塞，每袋装干料0.2~0.3kg；长袋每筒装干料0.7kg。按常规灭菌、接种与培养。培养温度控制在25℃左右，待菌丝长满后即可转入出菇管理。

3. 出菇管理

出菇场所可选用室内菇房或室外荫棚。一般短袋栽培或瓶栽采用室内菇房，菌筒栽培采用室外棚栽。室内栽培可单层直立层架排放或墙式排放，待菌丝长满袋后，拔去棉塞，取下套环，将塑料袋口提拉直立，上盖报纸，每天喷水1~2次，保持报纸湿润，空气相对湿度为85%~95%，温度控制在16~28℃，最佳为20~24℃，保持通风换气和一定的散射光。另一种出菇管理方法是待菌丝长满后，将袋口放松，以利形成菇蕾，现蕾后将菌袋移至菇房，随着菇蕾长大，将袋口塑料袋剪去，使菌袋上面料筒四周长出菇蕾，随着料筒四周菇蕾自上而下逐步出现而将菌袋向下移脱，直至全部脱掉。水分管理员采用喷雾法，不可直接向子实体喷水。菌筒栽培时，待菌丝长满后，将接种穴面的薄膜刈去一条，然后排于畦面上覆土，土厚 1cm 左右。排场前对场地和覆土进行杀虫、杀菌消毒，覆土 2d 后向土面喷水，保持土壤湿润。低温时，畦面覆盖薄膜保温保湿。开袋后 10d 左右子实体大量发生。采收后停水5～10d 养菌，再进入第二潮菇管理。营养保存尚好的菌袋越冬后第二年春季能继续出菇。

茶薪菇栽培宜于 3 月接种，5 月出菇；或 7 月接种，9 月出菇。在高温季节容易诱发病虫害，特别要注意防治眼菌蚊和蛾。受眼菌蚊为害的栽培袋，培养料变深褐色，菇蕾无法形成，已形成的菇蕾也会萎缩腐烂。防治方法以控制好环境条件及切断侵染源为主。具体做法在栽培袋（瓶）搬入菇房前，对菇房进行彻底清洗消毒，门窗应装上 60 目纱网。

4. 采收加工

子实体长至菌环即将破裂时及时采收。一旦菇盖下的菌环破裂，采下的菇就会失去商品价值。茶薪菇常以保鲜菇和干品上市销售。

第十六节　真姬菇栽培技术

一、概述

真姬菇属伞菌目、白蘑科、玉蕈属，又称玉蕈、斑玉蕈、蟹味菇、海鲜菇、鸿喜菇，是日本首先驯化栽培成功的一种珍贵食用菌，在国际市场上颇受欢迎。真姬菇菌盖肥厚，菌柄肉质，菌盖颜色一般为灰色、灰褐色。真姬菇质地脆嫩，口味鲜美，营养丰富。我国于 20 世纪 90 年代引进并逐步推广，生产的真姬菇多以盐渍品出口外销，出口规格为菌盖直径 1.5～4.5cm，柄长 2～4cm。生产过程主要通过控制环境条件获得盖小柄长的子实体。近年来，国内一些大城市郊区也有鲜品和腌制品出售，市场前景十分看好。

二、栽培技术

（一）工艺流程

1. 熟料袋栽工艺流程

配料→装袋→灭菌→冷却→接种→发菌→出菇管理→采收加工

2. 生料（发酵料）袋栽工艺流程

配料→堆制发酵→装袋→接种→发菌→出菇管理→采收加工

（二）技术要点

1. 栽培季节

真姬菇与香菇、平菇相似，属中低温型、变温结实性菇类。子实体原基分化温度为 10～17℃。在适宜温度范围内，温差变化越大，子实体分化越快。真姬菇的规模栽培主要分布在湖北、河北、山西、河南等产棉省份，一般为秋冬栽培。在河北省石家庄和冀州市的最佳出菇季节为 10 月中下旬至翌年的 3 月中旬，即 7 月上旬制作三级种，9 月中旬接种栽培袋，10 月中下旬开始出菇。

2. 菇棚建造

真姬菇栽培产量高低、品质优劣，除选用优良菌种、选择适宜季节和科学管理外，在我国北方栽培中关键的是需要建造一个结构合理，具有良好保温、保湿性能的菇棚。菇棚以半地下室为好。选择背风向阳地，菇棚东西向长 10～20m，南北宽 3～5m，栽培地下深 1m，棚顶最高处 2m。菇棚结构有两种：一是周围“干打垒”土墙结构，北高南低呈 30°角；二是拱形顶。东西墙留有对称通风口，竹木为架，塑料薄膜封顶，加盖草帘。棚门设在土墙东西向的中央，棚内中央设一东西向通道，菌袋按南北方向叠放成墙式，排放于（东西）中央过道两侧。一般每 100cm^2 可放置 5 000kg 干料的出菇菌袋。

3. 培养料准备

真姬菇属木腐菌，可广泛利用棉籽壳、棉秆屑、玉米芯、豆秸秆、木屑等为培养料，其中以棉籽壳利用最广泛，其生物转化率可达 70%~100%；豆秸秆栽培的生物转化率为 70%~80%；玉米芯转化率 65%左右。原料要求新鲜，无霉变。陈旧的原料需经发酵处理后再利用。

4. 制袋与发菌管理

生料栽培的菌袋多采用 22cm×（45~48）cm 低压聚乙烯袋。培养料采用新鲜无霉变的棉籽壳加入 3%石灰，按料水比为 1：(1.3~1.4) 拌匀后堆闷 1~2h，用手紧握培养料，指缝中有水痕渗出为宜。按 4 层菌种 3 层料装袋，每袋装湿料 2.5kg 左右，混种量 15%左右。发菌最好选择在室外树阴下，场地要求干净，无杂草，远离禽畜舍，地面撒上石灰。根据气温高低决定排列层次，通常 4~6 层。低温时，适当增加层数，20℃以上时适当减少堆层，以利通风散热。各层菌袋之间以两根平行细竹竿隔开，以利通气，防高温烧菌。菌袋堆墙二列为一组，每列菌袋墙间隔 10~15cm。每 3~6 天翻堆1 次，袋内温度控制在 20~26℃为宜，通常 20~30d 菌丝可长满菌袋。

熟料栽培菌袋多采用 17cm×33cm 聚丙烯袋。培养料配方：

（1）棉籽壳 92%，麸皮 5%，钙镁磷肥料 2%，石膏 1%。

（2）棉籽壳 72%，木屑 20%，麸皮 5%，钙镁磷肥料 2%，石膏 1%。

（3）木屑 78%，麸皮 20%，糖 1%，石膏 1%。

每袋装干料 500g 左右，在 1.47×10^5 Pa 压力下灭菌 2h。冷却、接种后置于菇棚内堆成墙式避光培养，每 3~6d 翻堆 1 次，并及时处理污染菌袋，温度控制在 20~27℃之间，保持棚内空气新鲜，空气相对湿度不超过 70%。

5. 出菇管理

室外发菌的菌袋，当菌丝发透2~3d后，移入菇棚内，墙式堆放，高4~6层，将袋口打开，喷水降温加湿，并给予温差刺激。子实体分化生长温度为10~20℃，以15~17℃为最适，空气相对湿度保持85%~95%。温差较大时，子实体分化快、出菇整齐。根据子实体生长情况调整通风量，不良通风易长畸形菇，光照以100~200lx为宜。在上述管理条件下，5~7天袋口产生黄水，这标志着即将出菇。菇体长至符合标准时应及时采收。每次采收后将料面清理干净，重复进行出菇管理，菇潮间隔10~15d，一般可采收3~5潮菇。每1 000g干料的菌袋1~3潮菇鲜菇量分别可达600g、250g、150g。第三潮菇时，需用补水器向袋内补水。

6. 采收与加工

当菇盖直径达到2~4cm，柄长3~5cm时及时采收。采摘时既不使培养料成块带起，又使菇柄完整，不留柄蒂。菇棚内温度较低时每天采收一次，较高时早晚各采收一次。采下鲜菇用小刀切去根蒂，分级、加工。

盐渍加工，将分选过的真姬菇放入开水中煮沸3~5min，捞出放入冷水中冷却。菇体下沉后捞出（不下沉可再煮），放入缸或池中腌制。菇水比1∶1，保持盐度20°Be′，经15d可出售。

第十七节 榆黄蘑栽培技术

一、概述

榆黄蘑又名金顶侧耳、玉皇蘑、黄蘑、元蘑，属担子菌纲、伞菌目、侧耳科、侧耳属的一种木腐菌。因常见腐生于榆树枯枝上而得名，是我国北方杂木林中一种常见美味食用菌。子实体成覆瓦状丛生，菌盖基部下凹呈喇叭状，边缘平展或波浪状，为鲜黄色，老熟时近白色，直径2~13cm，菌肉菌褶白色，褶长短不一，柄偏生，白色，长1.5~11.5cm，粗0.4~2cm。孢子印白色，孢子五色，光滑，遗传特性属异宗结合。

二、栽培技术

（一）技术要点

1. 培养料

用于榆黄蘑的培养料除杂木屑以外，黄豆秆、玉米秆、玉米芯等粉碎后均可用于栽培。对子实体的β-葡聚糖含量有要求时，要进行特殊培养料的试验测定才能达到栽培效果。

2. 菌种生产

榆黄蘑菌丝生长速度较快，750ml 的菌种瓶接种后在 25℃条件下培养 25d 即可满瓶使用。菌袋培养 30d 左右，菌丝可满袋使用。

3. 培养料配方

（1）杂木屑 78%，麸皮 20%，糖和石膏各 1%，pH 值自然，含水量 60%。

（2）大豆秆粉或玉米芯粉或玉米秆粉 40%，杂木屑 35%，麸皮 16%，豆饼粉 4%，石膏 2%，石灰 3%，pH 值为 6.0~6.5，含水量 60%。

（3）杂木屑 100kg，麸皮 20kg，豆饼粉 5kg，石膏 2kg，石灰 2kg，pH 值为 6.0~6.5，含水量 60%。

4. 生产季节

根据榆黄蘑的菌丝生长和子实体发生的适宜温度要求，南方可安排春秋两季栽培，冬季若有适当保温措施亦可栽培。北方可安排在春末、夏季和初秋栽培。

5. 培养料制作与培养

（1）培养料熟料栽培。按配方中各原料比例称重，干拌 2~3次后湿拌，调至含水量 60%左右装袋、灭菌，冷却 30℃以下接种培养菌丝体。

（2）培养料发酵栽培。配方（2）（3）可采用堆制发酵后进行床栽。按主、辅材料比例拌匀，分别在建堆后的第4天、第6天、第8天、第10天和第12天进行5次翻堆，翻堆时调节水分、测试pH值。发酵好的培养料呈茶褐色，pH值为6.0左右，具有香味，后进床铺料播种。

6. 出菇管理

出菇场的环境卫生要符合食品原料栽培场所的条件。水质要符合饮用水标准，严禁向菇体直接喷洒农药，环境用药也遵循安全用药规则。

出菇场保持空气相对湿度90%左右，要有较强的自然光。发现虫害时采用网纱窗门隔离或农药自然蒸发驱赶和灯光诱杀等方法防治。

7. 采收与加工

当菇盖生长未平展时采收，避免菌盖反卷过熟、色泽变淡时才采收。采收后根据产品质量要求加工，无论鲜销或制成干品，都要及时。因榆黄蘑子实体细长，烘烤时起始温度比香菇略低，从35℃开始，并在低温时保持时间长些。干品标准以色泽鲜黄，菇体完整，有特殊香味。

第十八节 滑菇栽培技术

一、概述

滑菇，又名光帽鳞伞，因其菌盖表面分泌蛋清状的黏液，食用时滑润可口而称之为滑菇或滑子蘑。我国东北1978年开始人工栽培滑菇，以某些针叶树和杂木的木屑进行箱式栽培为主，近来亦发展用棉籽壳等原料进行栽培。

二、栽培技术

（一）工艺流程

备料→配料→装箱→灭菌→播种→发菌→出菇管理→采收

加工

（二）技术要点

1. 培养基配方

（1）木屑 87%，麸皮（或米糠）10%，玉米粉 2%，石膏 1%，料：水=1：(1.4~1.5)，pH 值自然。

（2）棉籽壳 90%，麸皮 10%，料：水=1：(1.4~1.5)。

（3）木屑 70%，米糠 30%，水适量。

2. 配料装箱（袋）和灭菌

根据滑菇喜湿的特性，配料时含水量应高于其他食用菌培养基的含水量，可高达 75%。箱栽时用木箱、塑料筐、柳条筐等为栽培箱，内垫农用塑料薄膜（箱大小为 60cm×35cm×10cm），把拌好的培养料倒入箱内，拍平压实，用塑料薄膜盖紧，经 1.47×10^5Pa、126℃高压蒸气灭菌 1.5h。

3. 人工接种

灭菌后冷却至 30℃以下即可接种。接种时在无菌室内先把塑料薄膜揭开，按（3~4）cm×（3~4）cm 规格穴播菌种。穴深 2cm。然后在料面撒上一层菌种，每瓶菌种接种两箱。接种后把塑料薄膜盖严，培养箱在培养室内按品字形堆叠，培养菌丝。

在冬季寒冷低温的情况下，也可将配制好的培养料整袋灭菌，然后把培养料趁热倒入预先消毒好的内垫塑料薄膜的箱内，拍平压实，冷却 30℃以下接种。

4. 发菌管理

接种后，先控制室温 10~15℃，让菌丝长满料面，再提高温度（22~23℃）继续培养，约经 2 个月菌丝长满厚度5~6cm的培养料。在冬季自然条件下培养时，要经 3~4 个月菌丝才能长满培养料。夏季高温时加强通风，经常喷水散热降温，防止高温导致菌丝死亡。

5. 出菇管理

菌丝长满培养料后料面形成一层橙红色菌膜，这时培养料因菌丝生长而连结成块（菌砖），此时可将菌砖倒出，放在预先备好的栽培架上，掀开塑膜，用刀将橙红色菌膜划成 2cm×2cm 的格子，然后喷水保持空气相对湿度 90%，调温 15℃左右，适当通风，并保持栽培室内有一定散射光，以促进子实体的形成。

6. 采收加工

当子实体的菌盖长至 3~5cm，菌膜未开，质地鲜嫩时，即可以采收。以菌盖不开伞、色泽自然、菇体鲜嫩、坚挺完整，菌柄基部干净、无杂质、无虫蛀为上品；半开伞为次品；菌盖全开、子实体老化、菇体变轻为等外菇。

采收后的滑菇置于阴凉湿润处保存。5℃条件下可保存一周以上。

采收第一批滑菇后，去除菌根、菌丝，恢复 10d 左右，继续水分和温差管理，又可以出菇，总共可以产 3~4 批菇。

第十九节 白灵菇栽培技术

一、概述

白灵菇也称白阿魏蘑，是阿魏蘑的白色变种，属真菌门、担子菌纲、伞菌目、侧耳科、侧耳属。

二、栽培技术

（一）栽培季节和栽培场所

1. 栽培季节

对于低温型食用菌，在无控温设备的情况下，利用自然条件栽培出菇，必须合理安排生产季节，使自然条件满足菌体不同发育阶段的要求。根据白灵菇对温度条件的要求，宁夏大部分地区适宜春、秋两季出菇。可根据出菇期、发菌所需时间推算制种时期，从而合理安排从制种到栽培的各工艺环节。

2. 栽培场所

白灵菇的栽培场所有很多种，可利用菇房、塑料大棚、闲房旧舍、土窑洞栽培。

（二）白灵菇菌种的制备

1. 母种制备

白灵菇母种培养基可引进原始母种或复壮母种后，用 PDA 培养基扩繁，也可用 PDA 培养基进行组织分离制取。

2. 原种、栽培种制备

原种、栽培种可用以下培养基制备：

（1）麦粒培养基：麦粒 98%，碳酸钙 1%，石膏粉 1%。

（2）棉籽壳木屑培养基：棉籽壳 45%，木屑 45%，麸皮 8%，糖 1%，石膏粉 1%。

（三）白灵菇塑料袋熟料栽培

1. 配料

（1）配方

①木屑 78%，麸皮 20%，红糖 1%，石膏粉 1%，另外每百千克干料加酵母片 0.05kg，过磷酸钙 0.5kg。

②木屑 68%，棉籽壳 10%，麸皮 20%，其他同配方①。

③杂木屑 60%，棉籽壳 20%，麸皮 18%，石膏粉 1%，糖 1%。

④棉籽壳 40%，木屑 40%，麸皮 10%，玉米面 8%，石膏粉 1%，糖 1%。

⑤稻草 57%，棉好壳 10%，木屑 13%，麸皮 10%，玉米面 8%，石膏粉 1%，糖 1%。

⑥棉籽壳 78%，麸皮 12%，玉米面 8%，石膏粉 1%，糖 1%。

以上配方含水量均为 65%，pH 值自然。

（2）拌料

拌料一定要拌匀，最好先干拌，再湿拌，否则料易结块，不便于拌匀，若培养料未拌匀，就等于改变了培养料的配方。另外拌料加水一定要计算准确，任何经风干晾晒的培养料总含有一定的含水量，也要计算在内。

2. 装袋

由于白灵菇出菇转化特殊，一般只收一潮菇，因此为了提高其生物转化率，一般采用小袋栽培，常选用 17cm×34cm 的菌袋栽培。无论是人工装袋还是装袋机装袋，均要求松紧适宜，千万不能刺破菌袋，最后扎紧袋口，最好套颈口圈并加封棉塞。每袋可装培养料干重 0.4～0.5kg。另外，购买料袋时，要检查料袋的质量。

3. 灭菌

料袋的灭菌必须彻底，要求料袋的摆放、堆码必须有利于热蒸气的流通，不能造成死角，采用高压灭菌时需 1.2kg/cm^{2}维持 2.5h，采用常压灭菌时，需 100℃维持 10h。为了提高灭菌效率，可用周转筐盛装菌袋及搬运，周转筐可用扁铁焊接，其大小以能装 12 袋为宜。这不但可以提高工作效率，而且会降低污染率。灭菌结束，待料袋冷却后搬入接种室。

4. 接种

小规模生产可用接种箱接种，大规模生产则需要用专用接种室来接种，以提高接种效率。

接种前必须对菌种瓶（袋）及接种箱、专用接种室等进行消毒灭菌，尽力创造一个无菌环境。可将菌种瓶及瓶口的棉塞用 0.2%～0.3%高锰酸钾溶液浸泡或擦拭进行表面消毒灭菌，接种室需用熏蒸消毒及紫外线照射消毒。另外，白灵菇抗杂能力弱，接种时可将栽培袋口在 20%来苏尔溶液中浸一下，再次对袋口消毒。接种室内接种最好两人配合，可提高工作效率。总之，必须严格无菌操作。

5. 发菌

即进行菌丝体的培养，要求在发菌室内进行，尽量满足白灵菇菌丝生长对环境条件的要求。一般在25~28℃下，经35~40d即可吃透培养料。

6. 出菇管理

(1) 催蕾

发菌结束后，需降低发菌室温度，或者将菌袋搬入适合子实体分化的低温场所，即菇房或菇棚内，并给予适宜的温差刺激及散射光照，10d左右，袋内可见有原基产生。

(2) 开袋时间

待袋内产生原基后，解开袋口或拔出棉塞，待原基长到2cm大小时可剪去袋口上部的袋膜，让子实体迅速长大。若原基在袋的侧壁产生，则需在侧壁上开穴，让子实体长出，这样的出菇袋可采用悬挂式管理出菇。为了便于出菇管理，常把生长一致的菌袋集中于同一菇架或同一菇墙上。

(3) 温度管理

原基形成后要求菇房的温度控制在8~15℃，并给予适宜的温差。

(4) 湿度管理

要求菇房内空气湿度为85%~90%，不宜太高，若湿度不够需要喷水，切忌直接喷向菇体，应向地面、走道喷水，向空间喷雾。若将水直接喷到菇体表面，会造成菇体变黄，甚至发霉、腐烂。白灵菇由于个头大、菌肉厚，因此抗旱能力较强，可采取较偏干的水分管理。

(5) 空气调节

白灵菇子实体生长需要新鲜的空气，因此要做好菇房的通风换气工作。当通气不良时，子实体畸形，甚至产生羊肚菌状或玫瑰状子实体，若再加上空气湿度太大，就会在菌盖上产生霉菌菌落。

(6) 光线调节

白灵菇子实体分化及生长需要一定的散射光，菇房较亮，一般以 100~500lx 的光照为宜。

(7) 采收

开袋后，在正常条件下经 10~12d 生长，子实体菌盖由内卷逐渐平展时即可采收，因白灵菇蛋白质含量很高，若采收太迟，则会造成子实体变黄、腐烂、发臭。另外，由于白灵菇一般只出一潮菇，所以采收后应立即将菌袋搬出菇房，以防病虫孳生。白灵菇的生物转化率低，一般为 50%~65%。

第二十节　秀珍菇栽培技术

一、概述

秀珍菇又名袖珍菇、小平菇。秀珍菇在栽培性状、外观上与一般平菇没有差异。而在食用品质上，秀珍菇子实体，特别是菇柄的口感上比其他侧耳品种脆嫩得多，丛生菇菇柄处极易剥离；秀珍菇菌柄纤维化程度低，口感柔爽耳细腻，菇味清香浓郁，比较绵脆。秀珍菇不仅富含蛋白质、糖分、不饱和脂肪酸、维生素、叶酸，而且含有较多的钾、磷、钠、镁、铁、钙等微量元素，其非水溶性含蛋白质多糖体对小白鼠 180 肉瘤的抑制率可达 100%。

二、栽培技术

秀珍菇代料栽培要点简介如下。

(一) 栽培季节

秀珍菇可春秋两季栽培，秋栽安排在 8 月下旬至 9 月上旬开始制袋，10 月上中旬开始开袋出菇，出菇期直至翌年 4 月上旬。

（二）培养料配方

（1）棉籽壳 93%，麸皮 5%，糖 1%，碳酸钙 1%。

（2）杂木屑 75%，麸皮 15%，玉米粉 3%，石膏 2%，黄豆粉 3%，糖 1%。

（3）棉籽壳 40%，蔗渣（杂木屑）40%，麸皮 18%，碳酸钙 2%。

（三）菌袋制作与培养

秀珍菇代料栽培和平菇代料栽培技术基本一致，但在栽培袋制作过程中必须注意以下几个问题：

（1）选定培养料配方后应提前备料，杂木屑或蔗渣必须过筛，以免装袋时将塑料袋刺破。

（2）拌料时要混合均匀，含水量控制在 60%～65%。

（3）装好料必须及时彻底灭菌，待料袋温度降到 25℃以下即可无菌操作接种。

（四）发菌管理

接好种的栽培袋移到 10～26℃的培养室发菌。发菌阶段应保持黑暗，并注意检查。经过 25～30d 的培养，菌丝长满菌袋后即可出菇。

（五）出菇管理

出菇时，出菇房空气相对湿度为 85%～95%，温度以 8～15℃为宜，适当散射光。在通风良好的情况下，揭开袋口后 3～4d 后，袋口会长出大量菇蕾。

（六）采收

采收标准与要求同平菇，要及时采收。秀珍菇整个栽培周期需要 3～4 个月，产量主要集中在第一、第二、第三潮，采完一潮菇后应停止喷水 2～3d，再进行喷水管理，每潮菇转潮需要 8～12d。秀珍菇的生物效率为 100%。

第二十一节　大球盖菇栽培

一、概述

大球盖菇又称皱环球盖菇、酒红色球盖菇、褐色球盖菇，隶属球盖菇科、球盖菇属。大球盖菇是一种草腐生菌。大球盖菇朵大、色美、味鲜、嫩滑爽脆、口感好，富含多种人体必需氨基酸及维生素，有预防冠心病、助消化、解疲劳等功效，是国际菌类交易市场中十大菇种之一。

大球盖菇栽培较为粗放，可在果园、林木、农作物中套种，成为结构合理、经济效益显著的立体栽培模式，是一项短平快的脱贫致富的农业种植项目。

二、栽培技术

（一）工艺流程

备料→培养料处理（染料）、菇场选择与构筑→整畦消毒 }→铺料播种→发菌→覆土→出菇管理→采收加工

（二）技术要点

1. 栽培季节

大球盖菇多采用室外、野外生料栽培，直接受到自然气候条件的影响，所以因地制宜地安排栽培季节，显得尤为重要。

大球盖菇属中温型，子实体形成温度范围为8~28℃，最适为16~24℃。福建省中低海拔地区以9月中旬至翌年3月均可播种，高海拔地区在9月至翌年6月均可播种，以秋初播种温度最适宜。长江以北地区，分别在2月下旬及8月上旬播种，分别在4月中旬及10月中旬开始出菇较为适宜。具体操作时应参照各地气候条件，选择气温在15~26℃范围播种为宜。

2. 菌种制作

二级种和三级种用麦粒、谷粒或木屑、棉籽壳为原料均可，

具体制作按常规操作。

3. 培养料及其处理

稻草、麦秸、玉米秸、野草、木屑、棉籽壳等任选一种或数种混合，不需添加其他辅料即可栽培。稻草最好选用晚稻草，因其质地坚硬，产菇期较长，产量也较高。各种材料需无霉烂，色泽、气味正常。备用的秸秆在收获前不使用农药，且晒干后切碎使用。

将备好的培养料在播种前用清水或1%石灰水浸泡，使原料浸透吸足水分，然后沥干，使含水量在70%~75%，料的 pH 值以 5. 5~7. 5 为宜，即可用于栽培。

4. 菇场构筑

菇场选择在避风遮阳的三阳七阴或四阳六阴的环境中，场内排水良好，土质肥沃疏松，富含腐殖质。棚内或无棚有遮阴的野外均可栽培，常采用畦栽，畦宽 1. 5m，长度不限，畦面龟背形或平整，四周开挖排水沟。铺料前畦面须喷药杀虫杀菌，并撒生石灰消毒。

5. 铺料、播种和覆土

将浸泡沥干水的栽培料铺在畦面上，底层料厚 8~10cm，压实，均匀穴播菌种，穴距 20cm×20cm，然后上铺一层 15~20cm 厚的栽培料，压实，均匀穴播或撒播。规格同前，撒播每 500g 颗粒菌种播种 1. 5m^{2}畦面。其上层铺 1~2cm 栽培料，以不见菌种为宜。最后覆盖草帘或旧麻袋保温保湿。用料量 20~25kg/m^2，播种后，2~3d 菌丝萌发，3~4d 开始吃料。覆土时间依不同栽培模式和环境有所不同。

大球盖菇的栽培模式大致有 3 种：一是果园立体栽培模式，南方以柑橘园为多。此模式不需搭棚，利用柑橘树自然遮阳，其覆土时间一般在播种后 25~35d。二是阳畦栽培模式，该模式主要是利用冬闲田或落叶树林地或山坡荒地。栽培时采用简易搭瓜棚的形式或不搭棚架直接覆盖草帘遮阳。此模式由于缺少林木或其他遮阳环境，场地光照充足，水分散失较快。为避免畦床中栽培料偏干，影响菌丝生长，一般播种后10~15d覆土。三是塑料大棚栽培模式，此模式可参照蔬菜塑料大棚搭建或利用蔬菜大棚与蔬菜套种。此法一般在菌丝长满料层2/3时，大约在播种后1个月覆土。

覆土材料选用腐殖质含量高的疏松土壤，土层厚2~4cm，覆土材料需预先杀虫杀菌，并调节土壤含水量至20%左右。

6. 播种后的管理

播种后的菌丝生长阶段力求料温22~28℃，料含水量为70%~75%，空气相对湿度为85%~90%。播种后20d内一般不直接向料中喷水，只保持畦面覆盖物湿润，防雨淋。20d后根据料中干湿度可适当喷水。喷水时，四周多喷，中间少喷，以轻喷、勤喷管理。料温过高时，掀开覆盖物并可向畦床扎洞通气；过低时覆盖草帘保温。

7. 出菇管理

覆土后保持土层湿润，15~20d菌丝爬上土层。这时调节空气相对湿度85%左右，并加强通风换气，再经2~5d后即有白色小菇蕾出现（通常在播种后50~60d出现）。

这时主要工作是加强水分管理和通风换气，保持空气湿度~95%。从菇蕾出现到成熟需5~10d。菇蕾出现后喷水，应细喷轻喷，以免造成畸形菇。大球盖菇朵重60~2 500g，直径5~40cm，在菇盖内卷、无孢子弹出时采收。在正常情况下可采收3~4潮菇，以第二潮菇产量最高。鲜菇产量6~10kg/m^2。采收时紧按基部扭转拔起，勿伤周围小菇。采后去除菇蒂泥土，即可上市销售或保鲜，盐渍加工或干制加工。

第二十二节 羊肚菌

一、概述

羊肚菌子囊果肉质脆嫩，味道鲜美，除含有大量多糖、氨基酸以外，还含有维生素和钙、锌、铁等多种矿物质。研究表明，羊肚菌具有调节机体免疫力、抗疲劳、抑制肿瘤、抗菌、抗病毒、降血脂、抗氧化等多种功效。此外，羊肚菌还含有一种脯氨酸类似物的特殊香味物质，可作为调味品和食品添加剂。羊肚菌在欧洲被认为是仅次于块菌的美味食用菌；我国明代的《本草纲目》中就有“甘寒无毒，益肠胃，化痰利气”的记载。

虽然羊肚菌栽培技术逐渐走向成熟，但其遗传、发育、生理学等方面的研究进展缓慢，在规模化生产中仍存在着菌种来源不清晰、栽培技术不成熟和产量不稳定等问题，常造成严重的经济损失。

二、栽培技术

羊肚菌整个栽培过程主要包括菌种制备、播种、外源营养袋补料、保育催菇、出菇管理和采收干制 6 个阶段，其中菌种制备、保育催菇是整个生产环节中的重点。梯棱羊肚菌栽培工艺流程如下。

（一）季节安排

羊肚菌属于低温型真菌，应根据当地气候条件，选择环境温度低于 20℃时进行播种。通常四川、湖北等地当年 10 月下旬以后播种，翌年 4 月中下旬采菇结束，栽培周期约 6 个月；山东、河南、陕西等地 10 月上中旬播种，翌年 5 月初采收结束。春季地温达到 4～8℃时开始催菇，为最佳出菇温度，当温度高于 20℃则难以出菇，超过 25℃时生产季节即结束。

根据播种季节安排菌种制备时间。母种生产周期约为 15d，原种生产周期 20～30d，栽培种生产周期约 30d。各级菌种务必按时使用，否则应低温储存，避免长时间常温存放造成菌种活力降低。

（二）场地整理

1. 选地

选择土质疏松、排水方便且平整的土地作为栽培场地，山

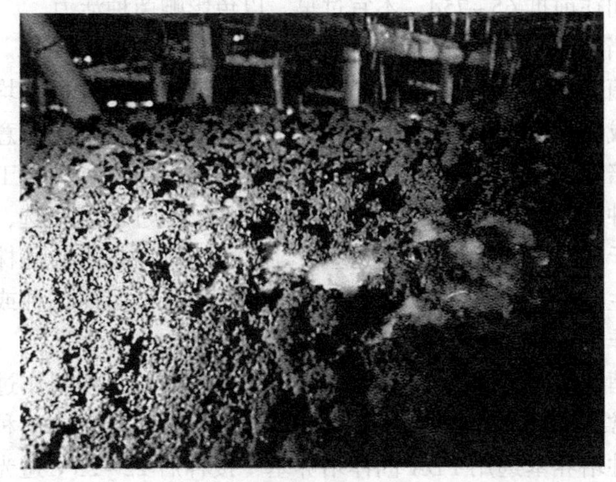

栽培场地

地、林地、耕用农田、果树林地等均可利用。播种前 1 个月进行翻耕晒地，可以有效杀灭土壤中的杂菌。

2. 整地

根据地势、水流方向和风向进行整地，将场地整成箱面，箱宽 1.0~1.4m，长度不限，箱间沟宽约 30cm，深约 20cm，确保排水方便和便于行走。

3. 搭建遮阳棚

场地整理之后即进行打桩，架枝干，顶部盖遮阳网，平棚或拱棚均可，需要使用遮光率达 10%~15%的遮阳网进行遮阴处理。拱棚顺着风势走向而建，宽 5~8m，高 2.5~3.0m，长度不超过 80m，以免影响通风；平棚依据场地面积而定，长江以北地区，优选使用拱棚，以抵御风雪。

（三）菌种制备

菌种制备是羊肚菌生产的关键点，优良菌种具有菌龄合适、生命力旺盛、纯度高和无污染的特点。根据播种季节，菌种制备时间往前推65~75d，不宜过早，以免影响菌种活力。

当前广泛使用的优良菌种大多由野生菌种驯化而来。由于羊肚菌菌种无论在栽培生产环节还是在转管保藏过程中均容易老化或退化变异，因此应避免母种肆意扩繁，也不能随意选择可栽培的子囊果自行分离，用作栽培生产中的母种。人工分离的菌种必须经过栽培试验，检验其性状，经过系统筛选，才能应用于规模化栽培。应尽量选择当前已经人工栽培的菌株进行菌种生产，在未栽培过羊肚菌的地区，进行小面积试种或菌种筛选非常必要。

菌种制备必须严格按照菌种生产规程进行，在制作过程中要经常观察菌种长势，剔除菌丝稀疏、污染或老化的菌种。一般母种培养基选用PDA固体培养基，接种后22~25℃避光培养3~4d，即可长满试管或9cm培养皿。原种与栽培种的培养料配方相同，常压或高压灭菌后使用，常用配方如下。

(1) 杂木屑67%，麦粒20%，腐殖质土10%，生石灰1.5%，石膏1.5%。

(2) 杂木屑30%，小麦30%，稻谷壳27%，腐殖质土10%，生石灰1.5%，石1.5%。

(3) 杂木屑40%，稻谷壳22%，玉米粉（粗）25%，腐殖质土10%，生石灰1.5%，石膏1.5%。

(4) 玉米芯40%，草粉22%，小麦20%，腐殖质土15%，生石灰1.5%，石膏1.5%。

麦粒使用前需浸泡18~24h或煮熟软化。培养料充分混匀后，加水搅拌，培养料含水率控制在60%~65%为宜，装瓶或装袋后灭菌备用。原种、栽培种菌丝初期洁白、浓密，20~25℃菌丝长速为1.3~1.5cm/d，后期菌丝发黄或棕黄色，通常在菌丝长满袋（瓶）前后，在菌种袋（瓶）的上部开始出现菌核，不同菌株菌核产生时间、形态特征均不相同。需要说明的是，基于目前的资料看，菌核并非是菌种质量优劣的一个指标。

（四）播种与补料

1. 播种

当秋季气温下降到 20℃以下时，开始进行播种。将培养好的栽培种在箱面上进行撒播或穴播，按每公顷菌种用量 2 625~3 375kg进行播种。播种结束后，覆土 3~5cm。最后在覆土层上覆盖 1~2cm 厚的稻草或麦秆，进行保湿和遮光；或用黑色农用地膜进行覆盖，也能起到很好的避光、保湿效果。

2. 补充营养

播种 14~20d 后，即覆土层白色“菌霜”产生后 1~2 周，需对土壤中羊肚菌菌丝体进行外源营养的补充，外源营养袋培养料配方可以与栽培种培养料配方相同。将已灭好菌的外源营养袋侧边划口后，均匀平铺摆放在“菌霜”上，使羊肚菌菌丝与外源营养袋中的培养料可以直接接触，覆土层表面的菌丝将进入外源营养袋，吸收袋内营养成分，转化、利用，并向土壤内菌丝传送、存储。

补料约 1 个月之后，菌丝长满外源营养袋，营养逐渐转移至土壤中的菌丝体或菌核中后，可撤走外源营养袋。此时环境气温通常已下降至 4~8℃，可转入低温保育阶段。虽然目前的经验显示，大田生产中不撤袋依然可以出菇，但撤袋能刺激出菇。

补料期间可保持棚内透光率 5%~10%，出菇季节透光率 10%~15%，微弱的散射光刺激可诱发菌丝分化和原基形成，但应避免强光直接照射在原基或幼菇表面，造成组织的灼伤，致使原基夭折或出现畸形菇。补料阶段土壤含水率不应低于 18%，空气湿度 65%~80%，以免菌丝失水干枯。

（五）出菇管理

生产经验表明，出菇前 4℃以下一周以上的低温刺激对出菇是有利的。根据栽培区域气候特点，当春季地温回升至 4~8℃时，调节空气相对湿度至 85%~95%，土壤含水量为 20%~

28%，并进行散射光照射，昼夜温差大于10℃，进行催菇处理，此时菌丝逐渐分化，在土壤内部或覆土层表面扭结形成原基，原基似豆芽粗细、浅白色，幼嫩且脆弱，须做好保育工作，防止原基夭折。随着幼嫩子囊果形成和发育，应注意控制温度和空气湿度，保持表层土湿润，并适量通风；13~23℃羊肚菌子囊果发育速度最快，地温高于20℃则不利于原基形成；应严防出现25℃以上的高湿高温天气，以免病害大爆发。

（六）采收与加工

1. 采收

当子囊果长至10~15cm、菌盖表面的脊和凹坑明显、菌盖颜色逐渐由褐色变浅为黄褐色或金黄色时，即可进行采收。采收时，一只手五指并拢捏住菌柄基部，另一只手拿小刀，从菌柄基部近土表面将子实体切下，同时将菇体下面附带的土壤、杂物等削去，轻放在干净的篮子内。

2. 干制保存

采收后子囊果及时晒干或烘干，避免堆积褐变。烘烤时应从30~35℃开始，逐步加大通风，及时排出湿空气，避免菇体急剧收缩或褐变，保持2~3h至菇体不再收缩后，逐渐升温至45~50℃，保持2~3h至彻底干燥。适当回潮后，装入加厚的透明塑料袋中，密封保存，避免回潮过度而发生霉变。

第二十三节　块　菌

一、概述

块菌是隶属于真菌界子囊菌门盘菌纲块菌科块菌属真菌的总称，又称土菇、无娘藤等，日本称为“松露”。子实体多生于地下，少数种类部分或全部生于地上，其形状如马铃薯块茎。块菌为北半球广泛分布的属，法国、意大利、西班牙、葡萄牙、保加利亚等国家均有分布，我国块菌主要分布在四川、云南、新疆和西藏等地，山西、辽宁、吉林、福建、湖北等地也陆续发现有块菌分布，目前我国已发现块菌62种，印度块菌和中国块菌较为常见。美国佐治亚州发现有得州块菌与美洲山核桃共生。

二、仿野生栽培

为防止其他菌根真菌与块菌竞争，人们常采用已经被块菌菌根化的树苗建造块菌种植园，这种树苗在法国、意大利、新西兰等国家市场有售。法国农业科学院（INRA）和法国国家实验室（CTIFL）不仅拥有生产菌根化苗木的苗圃，也是块菌商业苗圃菌根化苗木的认证和检验机构，只有菌根侵染率符合标准，且没有其他共生菌污染的块菌苗木才能上市出售。目前采用PCR-AFLP等分子生物学技术，可以对根系菌根化情况进行快速准确鉴定。

（一）宿主植物选择

虽然块菌能与多种树木形成菌根，但不同树木对块菌的产量和品质有很大影响。法国的黑孢块菌种植园多采用橡树、榛子树和冬青栎意大利白块菌种植园除了橡树和榛子树外，还有柳树和杨树。

（二）育苗基质与养分控制

通常采用透气性良好、质地松软、中性至碱性的消毒栽培基质培育块菌菌根化苗木，以减少其他真菌对菌根化苗木的影响。宿主植物种子也要用消毒剂进行表面消毒处理。研究表明，蛭石作为生长基质，有利于块菌菌根的形成。天冬酰胺等有机氮源对块菌菌根合成有显著促进作用，但基质中有机质含量过高对菌根合成有一定的抑制作用。

（三）菌剂制备与接种

块菌菌根化苗木生产所使用的菌剂主要是子囊孢子。从野外采集或市场购买块菌子实体，经粉碎、过筛后，制备成一定浓度的孢子悬浮液。这种悬浮液在低温条件下可以保存一年以上，接种时将悬浮液与消毒基质混匀，然后移栽上幼苗。接种后苗木在苗圃中生长1~2年，即可移栽到种植园。

（四）种植园选址与建设

块菌种植园选址要考虑气候因素、坡度和土壤条件。种植园必须适宜于块菌和宿主的生长发育。坡度不能过大，下雨时无明显水土流失，并适宜于机械作业。最小土壤深度必须在10cm以上，土壤中性偏碱性，有机物含量2%~7%，有机物碳氮比约为10∶1，矿质元素丰富而不过多。此外，块菌种植园选址还要考虑该地的使用历史，近30年内最好没有林木生长，但可以是果园或牧场，主要是为了减少土壤中其他外生菌根真菌对块菌的影响。

种植园地址确定后，应清理地表的植物，尽量不破坏土壤表层结构。块菌种植园一般采用乔木与灌木混交模式，苗木种植密度为800株/hm^2，随着树木长大，逐渐间伐1/3，保留2/3。法国块菌种植园的种植密度通常为5m×7m。

菌根化苗木移栽到种植园后，地表应覆盖稻草保湿，干旱夏季还需要进行人工灌溉。对土壤pH值过低的林地，可适当施加石灰。同时修枝剪叶，保证树冠通风透光，控制杂草，适当施肥，促进块菌早产和高产。

（五）种植园日常管理

1. 土壤维护

每年3月要对表层土壤进行翻耕，但深度不超过15cm，直到“火烧圈”现象出现为止。每年对那些自然生长的植物进行适当清除，但小型草本植物可以保留。当块菌开始产生后，每年春季气温转暖时，菌根即将开始生长前，选择无雨天以及土壤不过于潮湿时，对土壤表面进行稍许疏松，增加土壤透气性。

2. 宿主植物维护

对宿主植物应定期进行修剪。对树木的修剪从50~100cm

高度开始，剪去过度发育的枝条，减少分枝数量，减少叶片相互遮挡，使树冠呈卵形或倒圆锥形，修剪必须在块菌产生之前完成。对进入产块菌的树木，每年在树的生长休眠期也须进行修剪。如果树木密度较大，应进行砍伐或移栽。

3. 水分管理

种植园要避免夏季干燥，必要时采用石块、树枝或稻草覆盖，减少土壤水分散失。若遇到连续下雨天，需注意揭去稻草。必要时可以适当灌溉，夏季长期无雨或少雨将导致块菌产量降低。

4. 防止动物破坏

必须采取措施保护树木免受鼠类等啮齿类动物或其他大型动物破坏，常用铁丝网将幼树围绕，同时可在树木基部土壤表面覆盖黑色塑料薄膜，提高根际土壤温度，以利于菌丝生长发育。

(六) 块菌采收

从种植园建立到块菌子实体开始收获一般需要 6~7 年的时间，少数仅需要 4 年，此时种植园进入收获期，以后每年都可以收获块菌。通常在 10 年后产量逐步提高，并可持续收获 30~40 年。由于受多种因素影响，块菌产量变化较大，一般成熟橡树林年产量 20~70kg/hm^2，最高产量可达 100kg/hm^{2}以上。

块菌菌丝体从每年夏季开始生长，子实体同时逐渐形成，到冬季才能成熟，冬季是块菌收获季节。黑孢块菌在法国和意大利成熟期是从当年 11 月至翌年 3 月。块菌种植园地表产生“火烧圈”现象，预示着土壤中开始有块菌子实体生长，通常在土壤表层下 2~5cm 处形成。依据地表小裂缝判断块菌位置较为困难，使用通过驯化的猪或狗来判断块菌成熟度和位置是比较可取的方法，但其驯化过程非常困难。在块菌生长的地方，有一种苍蝇对块菌气味很敏感，被称为“块菌苍蝇”，这也是块菌成熟的重要标志。切不可在种植园里到处乱挖，以免破坏土壤中菌根系统，造成减产甚至数年无收。

第二十四节　冬虫夏草

一、概述

冬虫夏草又名冬虫草、夏草冬虫，藏语称雅扎贡布，分类上隶属于真菌界，子囊囷门，盘菌亚门，異壳菌纲，肉座菌目，线虫草科，线虫草属。无性型是中国被毛孢，隶属于丝孢纲束梗孢目，被毛孢属。冬虫夏草功效成分包括多糖、核苷类、甘露醇、留醇类及活性蛋白等，具有多种功效。

二、人工感染法培育

目前人工培育冬虫夏草研究取得了突破性进展，如人工繁殖蝙蝠蛾昆虫，成功接种中国被毛孢，模拟天然环境能培育出冬虫夏草子实体，接近商业化生产目标。曾纬等（2005）提出了保护区生态化生产、人工部分控制生产环节的农场化生产和完全的工厂化生产的3种冬虫夏草生产模式。目前冬虫夏草人工培育方法主要采用半人工栽培，即在天然生境中集中较大虫口，通过自然感染方式来获得冬虫夏草子实体，如采用人工喷洒菌液等方法可提高子实体产量，但已有企业实现冬虫夏草完全工厂化的人工培育。

（一）准备工作

（1）准备菌种　预先制备分生孢子悬浮液，为喷洒饲料和幼虫体做准备。将保存的中国被毛孢斜面菌种移植到斜面或茄形瓶培养基上，扩大培养。将菌落移入无菌水中，制成浓度约 1×10^{7} 个/mL 的分生孢子悬浮液备用。产孢培养基配方为麸皮1~5g、蛋白胨0.5~1.5g、酵母粉0.5~1.5g、葡萄糖2~4g、大米30~40g，加入到25~35mL搅拌均匀的鸡蛋液中，以水补足至100mL。菌丝在14~20℃ 65%~90%相对湿度下培养35~55d，然后转至10~15℃诱导分生孢子产生，20~40d可得大量分生孢子。

（2）准备寄主　昆虫寄主昆虫可在高海拔产区建立饲养室，也可从产区野外采集寄主蝙蝠蛾进行人工饲养，目前已经实现在低海拔人工气候室人工饲养繁殖蝙蝠蛾昆虫。主要是应掌握对昆虫成虫期、卵期、幼虫期、蛹期等各种虫态的操作处理，包括饲料选择、饲养环境、土壤选择、温度及湿度选择等饲养技术要点。在寄主昆虫饲养过程中，前期及中期使用腐殖土和沙土混合作为幼虫基质，后期使用纯沙基质，控制土壤含水量在40%~60%之间。在自然条件下，冬虫夏草寄主蒲氏钩蝠蛾完成世代发育需要3~4年，而青海拉脊蝠蛾完成世代发育需要4~5年。在人工饲养条件下，完成一个世代可缩短至531.1d。

（3）准备栽培场所　野外栽培常采用坑栽法。将在野生条件下饲养的幼虫置于排水良好、日照少、易保湿的土坑内，坑深20~25cm，坑内平铺10cm厚的腐殖质丰富的沙壤土，然后放入寄主蝙蝠蛾喜食植物的根叶，同时边拌边喷人100~200mL/m^2冬虫夏草菌孢子液。随后将已经喷了3d菌液的幼虫放入土坑内，在覆土面上盖一层树叶、草根、菜叶等。野外栽培分春季栽培与秋季栽培，春季于5—6月接种，秋季于9—11月接种，室内人工栽培不受季节限制。

（二）接种和僵虫制作

选择寄主昆虫易感染冬虫夏草菌的幼虫期十分重要，刚蜕皮的幼虫或取食活动量大的幼虫容易感染。人工饲养幼虫密度较大时，幼虫之间彼此咬伤，损伤率较高时，容易接种成功。当饲养的幼虫达3~4龄、有2/3以上的幼虫蜕皮时，将幼虫集中。接种时将高浓度孢子悬浮液均匀地喷到幼虫体及饲料上，每天喷2次，连续喷3d。在野外人工饲养时，接种应在阴天或傍晚太阳落山时进行，此时紫外线较弱，且幼虫较为活跃。

在人工气候室饲养时，为了提高感染率，也可在食物中混入冬虫夏草的分生孢子、菌丝体或子囊孢子，让幼虫增加接触感染的机会。室内人工接种时，也可以将孢子悬浮液注射到幼虫与头部交界的背部表皮下，提高接种成功率。感染冬虫夏草菌的幼虫缓慢死亡，并最终僵化成为僵虫。

（三）虫草发育期管理和采收

幼虫接种后，土壤含水量保持在 40%~50%，并防止践踏和鸟类啄食。坑内幼虫会迅速感染、僵化，虫体表面逐渐长出白色菌丝。包括夏季 6—7 月休眠期在内，一般接种 120d 后才能形成达到药用标准的虫草。

半人工栽培与全人工栽培的栽培技术基本相同，主要区别在于昆虫感染后，前者将接种的昆虫安置在野外生境，而后者则在人工气候室培养。由此可知，半人工栽培可明显降低能耗成本，但生产周期长达 1~2 年，且损耗较大；全人工栽培有利于控制子实体形成和生长过程中的生态条件，如子实体分化需要 0℃左右低温刺激，温度变化有利于子实体形成，子实体生长需要基质含水量 60%~80%，相对湿度 95%~100%为宜，微弱光照能诱导子实体产生，子实体有向光性生长特性等，生产周期短，半年内即可收获。

若在人工固体培养基上培育冬虫夏草子实体，需要在避光、温度为 14~20℃和相对湿度为 45%~60%的条件下培养菌丝 35~55d，然后转至子实体生长发育所需的环境中，进行子实体诱导。子实体生长发育需要避光，氧气浓度 10%~15%，环境温度为 0~10℃，相对湿度为 70%~90%。通常诱导 5~6 个月后，子实体长度可达 3~8cm。

第五章　食用菌病虫害及绿色防控技术

第一节　病害诊治及绿色防控技术

一、疣孢霉病

疣孢霉病又称湿泡病、褐腐病、白腐病等。是由土传疣孢霉侵染引起的一种世界性蘑菇病害。

1. 症状

在双孢蘑菇不同发育阶段遭受疣孢霉侵染后，表现的症状不同，菇蕾子实体未形成时被感染，病菇在正常菇还未出现时就大量生长，典型的症状是产生一团团畸形的蘑菇组织，会形成如马勃状的组织块，其上覆盖一层白色绒毛状菌丝，这种组织块逐渐变褐，并从患病组织中渗出暗褐色汁液，散发出恶臭气味；蘑菇菌柄和菌盖分化后感病，菌柄就会变褐色，基部有绒毛状病菌菌丝；在子实体发育末期被感染，子实体外观相对正常，被感染的菌柄或菌盖会出现角状淡褐色斑点，有的菌柄加粗，形成大脚菇，有的菌盖上长出小瘤。

2. 防治方法

(1) 覆土带菌是疣孢霉的主要传播媒介，因而覆土消毒是控制疣孢霉病发生的关键措施。覆土材料宜用距地表 20cm 以下的土壤，这样可避免把地表层的病虫害带入菇房。疣孢霉病发生严重的地区，河泥、塘泥等含疣孢霉孢子较多，不宜使用。覆土材料取回后，在烈日下暴晒至干燥状态，使用时可用 50% 咪鲜胺锰盐可湿性粉剂 0.4~0.6g/m^2 拌土至湿润状态，用薄膜闷盖 3d，再暴晒至干燥状态后使用。若用蒸气消毒覆土，可在

65℃下保持1h。

（2）菇房处理。菇房位置应远离垃圾场，猪棚、牛棚等病虫较多的场所。若培养料在菇房内进行二次发酵，可结合巴氏消毒法通蒸气消毒。若不在菇房内进行二次发酵，用66%二氯异氰尿酸钠烟剂进行气雾消毒，按每立方米2~4g熏蒸2h以上。

（3）蘑菇覆土之后，出菇之前，在菇房及周围环境进行药剂处理。可选用的杀菌剂有500g/L噻菌灵悬浮剂2 000~3 000倍液，45%咪鲜胺悬浮剂1 500~2 000倍液，50%多菌灵可湿性粉剂1 000~1 500倍液，进行喷雾防治。

（4）发病菇床处理。若遇疣孢霉病大面积发生，应立即停止喷水，挖掉菇床上的病菇及疣孢霉菌丝块。菇房用66%二氯异氰尿酸钠烟剂熏蒸1h，用量同上，注意不能熏蒸太久。熏蒸后立即通风2~3d，待菇床表面干燥后，再均匀喷洒上述药剂，使用浓度同上。注意一定要喷湿喷匀表层覆土，周围环境也要均匀喷雾，这样再调水之后，仍可正常出菇。

（5）加强菇房管理，在高温高湿时注意通风换气，摘除的病菇及时用火烧处理。

二、轮枝孢霉病

轮枝孢霉病又称干泡病、褐斑病、干腐病，主要为害双孢蘑菇、姬松茸。

1. 症状

双孢蘑菇菇蕾形成初期被感染时，生长发育受阻，形成一团未分化的灰白色组织块，直径可达2cm，比疣孢霉引起的病菇质地紧密干燥，而不腐烂。在菌盖菌柄分化期发病的通常朵形不完整，菌柄基部变褐加粗，外层组织剥落，菌盖歪斜。病菇上着生一层细细的灰白色病原菌菌丝，病菇变褐，干燥而不腐烂。子实体成形时被感染，菌盖顶部长出丘疹状的小凸起，或在菌盖表面出现褐色病斑，以后逐渐扩大，并合并成各种不规则的大斑块，直径可达1~2cm，病斑中部凹陷，在潮湿条件下，长出白色霉状物，后变灰白色。病菇纵切，内部组织干燥而呈黄褐色，皮革质，具弹性。与蘑菇疣孢霉病在症状上不同之处是不分泌褐色汁液，也不散发出恶臭气味。

2. 防治方法

（1）堆肥进行后发酵处理，既可以杀死堆肥及菇房内的病菌和害虫、害螨，又可提高堆肥本身的质量，有利于蘑菇菌丝的生长，生长健壮的蘑菇菌丝可以抑制轮枝孢霉孢子萌发及菌丝生长。

（2）覆土土粒的选择及处理，其方法可参看疣孢霉的覆土处理方法。

（3）及时做好对害虫、害螨的防治。

（4）搞好菇房内外的环境卫生，清除病菌来源，出菇期严格控制水、气、温、光等条件，尤其要严格保持适宜的覆土层含水率及棚内通气量。

（5）病害发生后及时处理及喷药控制，首先将感病子实体小心清除或用塑料盆覆盖住感病子实体，防止病菌孢子的扩散，同时停止喷水并喷洒45%咪鲜胺悬浮剂1 500~2 000倍液，或用50%多菌灵可湿性粉剂1 000倍液，或用45%噻菌灵悬浮剂2 000倍液，或用25%抑霉唑水乳剂2 000~3 000倍液。

三、镰孢霉病

镰孢霉病又称萎缩病。寄主范围广，主要为害双孢蘑菇、平菇和银耳的子实体。

1. 症状

蘑菇子实体受侵染后，生长发育受阻，颜色淡黄，不再生长。菌柄从外到内变褐，有的整个菇体变渴，直至幼菇枯萎死亡，在高湿的条件下，病菇菌柄基部可见白色菌丝和粉状物。

2. 防治方法

参照疣孢霉病的防治方法。

四、单端孢霉病

单端孢霉病又称红粉病，为害双孢蘑菇、真姬菇、姬松茸等。

1. 症状

子实体被侵染后从基部向上变黑，萎缩腐烂，表面着生白色至粉红色的霉层。

2. 防治方法

（1）搞好栽培场环境卫生，杜绝污染源。

（2）培养料等需严格灭菌。用50%咪鲜胺锰盐可湿性粉剂0.4~0.6g/m^2拌料处理。

（3）在菇房走道及有虫料床上喷洒73%炔螨特乳油2 000~3 000倍液防治螨虫。

（4）控制好栽培房内的温湿度。

五、杏鲍菇灰斑病

1. 症状

菌袋受侵染后菌丝生长被抑制，病原菌在培养料上形成白色的菌丝体，后期在菌膜上产生大量的黑色小颗粒；子实体受侵染后，初期菌盖上产生不规则的深褐色病斑，病斑上着生灰色的霉层，后期病斑上形成坚硬的黑色的小颗粒，子实体萎缩腐烂。

2. 防治方法

（1）搞好培养室、栽培场等的卫生，杜绝污染源。

（2）培养基木屑、秸秆料等需暴晒后堆制，严格灭菌。

（3）喷洒73%炔螨特乳油2 000~3 000倍液防治螨虫。

（4）拌料时添加50%咪鲜胺锰盐可湿性粉剂0.4~0.6g/m^2抑制病菌生长。

六、胡桃肉状菌

胡桃肉状菌也是一种土传病原真菌，其子囊果成堆时呈不规则，形如胡桃肉，故称为胡桃肉状菌，也称菜花菌。该菌多数发生在覆土后，双孢蘑菇、姬松茸出菇期间发生，先在土层中形成一层白色绒毛状菌丝，略带铁锈味。

1. 症状

病菌侵染蘑菇菌种时，在未长满的菌种瓶中出现浓密的白色菌丝，菌丝较短，有许多小白点，不形成菌被。拔掉棉塞，会闻到一种漂白粉味道。已长有蘑菇菌丝的培养料被感染后，会出现成串、不规则的白色"子实体"，向四周扩散，并有浓烈的漂白粉味，蘑菇菌丝逐渐消失。在覆土层中与培养料上形成不规则脑状物，表面有不规则的皱褶，极似胡桃仁和花椰菜。子囊果有时可集成很大一团，直径可达 3~8cm。但很容易分开成许多小块，直径 0.5~1.5cm 不等。菌肉疏松质软，捏破后有一股令人厌恶的腥臭味。

2. 防治措施

胡桃肉状菌有较强的耐热和抗药能力，又是土壤中的一种常见病菌，发生为害时它和蘑菇菌丝混杂在培养料中，只能采取综合防治措施。

(1) 不要从病区购买原种或栽培菌种。

(2) 患过此病的菇房，要严格消毒，有条件的地方，应淘汰旧的竹木床架。

(3) 堆制培养料要防止料偏湿，保证堆温上升到75℃左右。胡桃肉状菌在70℃以上保持 12h 就会被杀死。培养料中要增添石灰粉，调高 pH 值。

(4) 在选择土壤时，不要选择在上年已发生病害的蘑菇废料田挖取覆土。应在无病区，挖取土表下 30cm 的土壤，然后用50%咪鲜胺锰盐可湿性粉剂 0.4~0.6g/m^2 拌土至湿润状态，用薄膜闷盖 3~4d 进行消毒。

(5) 菇房的管理要注意通风换气，要防止菇房形成一个高温、高湿又不通气的不良环境。对已发生胡桃肉状菌的床面，要马上撒上一层生石灰粉，面积比发病区大。同时，停止喷水10~15d，检查该病是否已被控制，再将菌料和病土粒取出菇房处理，覆上新土粒。当气温下降到15℃以下时，再喷水。过一段时间后，还能长出蘑菇。

七、链孢霉

链孢霉又称脉孢霉、红粉菌，其病害名称为红链孢霉病、红面包霉病、粉霉病，链孢霉是一种顽强、速生的气生霉菌，可侵染多种食用菌。

1. 症状

受污染菌种棉塞和培养料上，初期长出灰白色或黄白色纤细菌丝，菌丝呈棉絮状，几天后迅速变成橘红色或粉红色的粉状霉层，此霉层蓬松，粉量多，可明显高出料面，霉层厚达1cm，在高温高湿条件下能迅速生长，1~2d内可传遍整个培养室，常引起整批菌种和培养料污染报废。若菇蕾形成期被侵染，则看不到正常的菇蕾，有大量畸形病菇提前3~4d出现，且不能进一步分化成为菌盖和菌柄，呈硬马勃状团块。若幼菇生长期被侵染，病菇菌盖发育不正常或停止，菇饼膨大变形、变质，呈各种扭歪畸形，病菇后期内部中空，菌盖菌柄处长有白色绒毛菌丝，进而变成暗褐色腐烂，有臭味。若子实体生长的中后期被侵染，轻则菌盖表面产生许多瘤状突起，重则在菌褶和菌柄下部出现白色毛状菌丝，渐成水泡状，渗出水滴，褐腐死亡。此病害大量发生时，还能散发出酒的味道，走进培养室若闻到一股酒味，则很可能发生了链孢霉污染。夏、秋两季制种或栽培时，要预防这种杂菌污染，一旦被此菌污染，将会造成很大的经济损失，并且很难彻底清除。

2. 防治方法

（1）预防措施　选用抗病品种，菇房严格消毒，对培养料进行高温堆制发酵和后发酵处理，培养初期宜低温培养。加强对培养料接菌时的无菌操作，可使用碘伏消毒液对器械、工具、人手表面严格消毒。消毒菌包，栽培时菌包的封口宜采用塑料薄膜材料，如用棉塞需控制棉塞的湿度；如需覆土栽培，覆土材料要在使用前5~6d用多菌灵、咪鲜胺锰盐或抑霉唑消毒。

（2）管理措施　如覆土栽培初发病时，应立即停止喷水，加大通风量，降低空气湿度，使温度降至15℃以下；发病严重时，应除掉带病覆土，更换新土，烧毁病菇。如培养室局部菌包发生链孢霉，应立即用塑料薄膜把污染部分包扎紧，拿到远离培养室的地方深埋或烧掉，防止增加培养室内的湿度，避免用喷雾器等药械直接向污染处和培养室内喷射杀菌药物，以免同时引起分生孢子扩散，污染环境，造成更严重的污染。

（3）药剂防治　如覆土栽培感染链孢霉，应清除病菇后，用50%多菌灵可湿性粉剂500倍液或45%咪鲜胺悬浮剂1 500~2 000倍液喷洒床面。

八、杏鲍菇细菌性褐斑病

1. 症状

病菌只为害杏鲍菇菌皮，不深入菌肉。在菌盖表面，病斑多出现在与菌柄相连的凹陷处，近圆形或棱形，稍凹陷，边缘整齐，表面有一薄层菌脓。单个菌盖上有多个病斑，但不引起子实体变形或腐烂。

2. 防治方法

参照双孢蘑菇细菌性病害的防治方法。

九、灵芝软腐病

灵芝软腐病一般在夏季高温情况下发生，一旦发病将传染整个菇棚。

1. 症状

子实体生长过程中，被病菌侵染后子实体不能正常分化菌盖，顶端生长点出现黄褐色腐烂，并发出臭味。

2. 防治方法

参照双孢蘑菇细菌性病害的防治方法。

十、菌床鬼伞

鬼伞是一群草腐伞菌，是蘑菇栽培中经常发生的一种杂菌，菇床上发生的鬼伞种类较多，为害程度也有差异。有的只是与蘑菇争夺营养，有的则可以抑制蘑菇菌丝的生长。在菌种生产过程中，鬼伞还可污染菌种。

1. 症状

发生初期，其菌丝白色，易与蘑菇菌丝混淆，但鬼伞的菌丝生长速度快，且颜色较白，并很快形成子实体。鬼伞多发生在蘑菇覆土之前，覆土之后则很少。鬼伞子实体出现在料堆周围或床面上，子实体单生或群生，柄细长，菌盖小，灰至灰黑色，发生很快，从子实体形成到溶解成墨汁状只需1~2d。鬼伞与蘑菇争夺培养料，从而影响蘑菇产量。

2. 防治措施

（1）配制优质堆肥，要求选用新鲜、干燥、无霉变的草料及畜粪，并进行高温堆制。堆制好培养料，提高堆温，降低氨气含量，防止培养料过湿，以便抑制鬼伞生长。

若堆料周围长有鬼伞，应注意将产生鬼伞的料翻入中间料温高的部位，以便杀死鬼伞孢子。料进房后进行二次发酵处理，进一步将残存的鬼伞孢子杀死。

（2）控制合理的碳氮比，防止氮素养分过多，同时适当增加石灰用量，使堆肥的pH值呈减性。

（3）菇床上发生鬼伞之后，适当降低室内湿度，提早覆土，可抑制鬼伞子实体生长。

（4）床面发生的鬼伞，应及时摘除销毁，以免成熟后孢子四处传播。

十一、双孢蘑菇线虫病

双孢蘑菇线虫病是双孢蘑菇栽培中发生普遍、为害较重的一种病害，严重发生时可造成产量的重大损失。

1. 症状

双孢蘑菇茎线虫可为害蘑菇菌丝，主要使播种后的菌丝生长不良或不发菌，或发菌后出现菌丝逐步消失的“退菌”现象，培养料变质腐烂，子实体停止生长或死亡。小杆线虫在菇床上发生后取食蘑菇菌丝，此类线虫大量发生时，培养料发生湿腐症状，蘑菇菌丝消失，感病菇床不出菇或严重减产；子实体被侵染后，表现为生长发育不良，菇色变黄，严重受害的子实体松软呈海绵状或呈湿腐状，表现黏滑，散发出腥臭气味。菇床上发生的线虫病，大多均为两类线虫混合发生。

2. 防治方法

（1）选择无线虫污染的场地堆制蘑菇堆肥。采用二次发酵对培养料和覆土材料进行处理，或覆土土粒用70℃热蒸气密闭处理，利用高温杀死料土中的线虫。

（2）使用清洁水浇菇，井水较为干净，而池塘死水含有大量的虫卵，常导致线虫发生为害。

（3）保持床面清洁的卫生环境，及时清除老菇根及死亡菇体，用干净细土将凹陷的床面填平。

（4）播种后发现线虫为害后及时挖沟进行隔离，对发病部位停止喷水管理，用1.8%阿维菌素乳油2 000~2 500倍液喷洒，杀死料中和菇体上的线虫，未发病的菇床不用该药剂。

十二、杏鲍菇生理性病害

常见的杏鲍菇生理性病害主要有水桶畸形菇和细柄大盖菇等。

（一）水桶畸形菇

1. 症状

杏鲍菇原基形成后，有的长出粗柄或短柄，呈水桶状，不分化成菌盖或分化成小菌盖。

2. 防治方法

改善通风条件，增加光照。子实体原基形成后，每天通风 2 次以上，每次 30min，适当增加光照，调整遮阳网或黑色地膜的密度，使光照强度达到基本上能看清报纸上字迹的程度，但子实体正常后，在接近七分成熟时，要降低光照强度，否则子实体因有趋光性会弯曲，降低商品价值。

（二）细柄大盖菇

1. 症状

杏鲍菇长出的子实体柄细盖大，类似平菇。

2. 防治方法

调控好菇房光照强度，在原基形成期，光照可强些，达 200lx 以上，但当原基已分化出菌柄、菌盖后，应适当降低光照强度至 50~100lx，相当于基本上能看清报纸上字迹的程度。

十三、真姬菇生理性病害

（一）瘤盖菇

1. 症状

真姬菇子实体分化时由于栽培室通风不良，氧气不足，二氧化碳浓度过高，温度偏低，湿度偏大，致使真姬菇菌盖表面组织细胞失去正常分化的能力。子实体生长过程中出现了二次分化，菌盖出现小颗粒状突起或瘤状的凸起组织，形成瘤盖菇。

2. 防治方法

在真姬菇子实体分化时要提前做好菇房的保温和增温措施，

控制适宜子实体分化的菇房温度。使白天温度和夜间温度形成一定的温差，促使原基分化、发育和生长。加强栽培室的通风，降低二氧化碳浓度，促进子实体正常分化。

（二）细小菇

（三）症状

栽培菌袋发菌不充分，或养分不足，真姬菇子实体原基分化时又遇到低温冷害，致使真姬菇受阻，子实体生长细长而小。

防治方法

栽培菌袋一定要发菌充分，并进行后熟培养，使菌丝体生长粗壮。真姬菇子实体原基分化时注意控制栽培室温度，栽培室温度不能过低，子实体生长适温为10~14℃。

第二节 虫害诊治及绿色防控技术

一、平菇厉眼蕈蚊

平菇厉眼蕈蚊属双翅目眼蕈蚊科厉眼蕈蚊属，在我国食用菌产区均有发生为害，是国内食用菌眼蕈蚊类害虫的主要种类，也是福建食用菌的主要害虫。

1. 为害特点

主要以幼虫取食食用菌的菌丝，导致杂菌繁殖生长，也常把菌丝吃光，甚至连培养料也被吃成碎渣和粉末，造成退菌现象，影响了食用菌的菌丝生长和出菇。幼虫咬食子实体的原基，严重时甚至造成原基消失，还钻食菌柄、菌褶或菌肉，造成弯弯曲曲的潜食隧道，为害严重时食用菌外观可见明显的为害孔，菌柄被咬食成海绵状，菌盖只剩上面一层表皮，从而导致整个子实体发黄或枯萎腐烂，严重影响食用菌的产量和品质。平菇厉眼蕈蚊在双孢蘑菇、平菇、香藤等食用菌品种上发生为害较重。

2. 防治方法

（1）栽培管理　选择良好的栽培场所，避开虫源；清洁栽培场所及菇房内废弃的培养料，减少虫源数量；袋栽培养料高温灭菌处理，菇房等栽培场所进行药剂熏蒸消毒处理，可以有效杀死菇床面上和培养料中的害虫，在生产中能起到良好的预防作用；菇房的门窗和通气孔安装纱网并保持黑暗，以切断或阻止成虫侵入菇房内。

（2）物理防治　利用成虫的趋光性，用电子灭蚊器、高压静电灭虫灯及黑光灯诱杀成虫；在食用菌栽培场所内挂黄色黏虫板诱杀成虫。

（3）化学防治　菇房栽培覆土时可用4.5%高效氯氰菊酯水乳剂1 000~1 500倍液进行拌药处理，预防害虫发生为害，有效保护正常发菌出菇；在出菇期生产过程中需密切观察栽培场所和菇床培养料上害虫发生情况，及时选择安全、高效、低毒药剂实施化学防治。可选用4.3%高效氯氟氰菊酯·甲氨基阿维菌素乳油1 000~1 500倍液、4.5%高效氯氰菊酯水乳剂1 000~1 500倍液、25%除虫脲可湿性粉剂750~1 500倍液等药剂对栽培场所、菇床培养料喷雾处理，在采收前7d禁用。

（4）综合防治　实施"预防为主，综合防治"方针，由于人工栽培的各种食用菌属腐生性真菌，其栽培的环境条件和营养基质非常适合害虫的发生为害，解决好生产栽培过程中的害虫问题是食用菌高产优质的重要保证，因此，食用菌害虫的防治不能单纯依赖一种方法，而是应该在搞好栽培场所的环境卫生，创造有利于食用菌生长而不利于害虫发生环境的基础上，综合使用各种有效措施减少害虫发生为害。

二、闽菇迟眼蕈蚊

闽耤迟眼蕈蚊属双翅目眼章蚊科迟眼蕈蚊属，是食用菌眼蕈蚊类害虫的主要种类，在食用菌栽培种植区普遍发生，为害较为严重。

1. 为害特点

闽菇迟眼蕈蚊主要以幼虫取食菌丝、原基和子实体进行为害，幼虫在培养料上取食，可把正常生长的菌丝吃光，使培养料发黑变松。咬食小菇蕾造成菇蕾枯死，为害子实体时，往往从与培养料接触面的菌柄基部蛀入，先在基部菌柄内部蛀食，然后慢慢蛀入菌柄中上部，使菌柄内出现大量取食蛀害隧道，甚至将整个菌柄蛀食为空心，菌柄外观可留下很多针眼大小的虫孔，幼虫还可蛀食为害菌褶和菌盖，从而导致子实体发黄或枯萎腐烂，严重影响食用菌的产量和品质。闽菇迟眼蕈蚊主要为害双孢蘑菇、平菇、凤尾菇、金针菇等多种食用菌，子实体质地松软、柔嫩的食用菌品种受害较重。

2. 防治方法

参考平菇厉眼蕈蚊防治方法。

三、小菌蚊

小菌蚊属双翅目菌蚊科黏菌蚊属，在食用菌上普遍发生为害。

1. 为害特点

以幼虫直接取食为害多种食用菌的菌丝和子实体，如双孢蘑菇、姬松茸、茶树菇、杏鲍菇、白灵菇、金针菇、真姬菇、黑木耳、银耳和平菇等都是小菌蚊为害的食用菌品种，小菌蚊常群聚取食为害菌丝和子实体，幼虫蛀食子实体为害时，常从菌柄基部蛀入，在菌柄内咬食菌肉，造成菌柄折断或倒伏，除了蛀食为害外，小菌蚊常常是数条幼虫活动于培养科的表面拉丝网，将菌丝团或整个菇蕾罩住，被丝网罩住的菌丝团或菇蕾除了被蛀食外还很快停止生长而萎缩，使培养料变质不出菇，小菇蕾变黄或枯萎，小菌蚊对食用菌的产量和质量会造成很大影响。

2. 防治方法

参考平菇历眼蕈蚊防治方法。

四、真菌瘿蚊

真菌瘿蚊属双翅目瘿蚊科瘿蚊属，是食用菌栽培过程中的常见害虫种类。

1. 为害特点

真菌瘿蚊主要在秋、冬、春季的中低温时期，以幼虫取食为害多种食用菌的菌丝体、菇蕾和子实体，在食用菌发菌期间，真菌瘿蚊在培养料中为害，覆土后转移至土层，为害菌丝与子实体原基，子实体出土后，虫数少时可达菇根上，虫口密度大时可扩散到整个菇体，经常可见菇体由于幼虫钻入而呈橘红色或淡红色，当菇较少而幼虫较多时，覆土呈一层红色粉状物质，气温低时幼虫即钻入菌肉的浅皮层咬食为害，被害的子实体很快发黄或萎蔫死亡，对食用菌的产量和品质都造成很大的影响，此外，真菌瘿蚊幼虫也能携带杂菌，使病菌在蛀食为害处侵入引起食用菌病害发生。真菌瘿蚊主要为害双孢蘑菇、平菇、木耳、灵芝等食用菌品种。

2. 防治方法

参考平菇历眼蕈蚊防治方法。

五、中华新蕈蚊

中华新蕈蚊属双翅目菌蚊科新菌蚊属，在双孢蘑菇、平菇等食用菌品种上发生为害较重。

1. 为害特点

主要以幼虫取食食用菌的菌丝和子实体，导致杂菌繁殖生长，使食用菌的菌丝减少，造成不同程度退菌现象，造成培养料变黑、松软，影响食用菌的菌丝生长和正常出菇，出菇后，幼虫从菌柄基部蛀入子实体取食为害，造成蛀食隧道和咬食孔洞，有时也将菌褶吃成缺刻，被害子实体很快枯萎或腐烂。中华新蕈蚊在双孢蘑菇、平菇等食用菌品种上发生为害较重。

2. 防治方法

参考平菇厉眼蕈蚊防治方法。

六、广粪蚊

广粪蚊属双翅目粪蚊科广粪蚊属，在双孢蘑菇、平菇、金针菇等食用菌品种上发生为害较重。

1. 为害特点

主要以幼虫取食食用菌的菌丝、原基和子实体，造成杂菌繁殖生长，导致食用菌的菌丝生长受影响，严重时造成培养料变黑、松软、黏湿甚至原基消失，影响食用菌的正常出菇。广粪蚊在平菇和木耳等食用菌品种上发生为害较重。

2. 防治方法

参考平菇厉眼蕈蚊防治方法。

七、短脉异蚤蝇

短脉异蚤蝇属双翅目蚤蝇科，是普遍为害多种食用菌的重要害虫之一。

1. 为害特点

主要以幼虫取食高温品种食用菌的菌丝和子实体，在食用菌培养料上咬食菌丝，导致杂菌大量繁殖，使培养料变黑、变黏并形成大量粉末状物，幼虫一般先从表层菌丝逐渐深人蛀食，只蛀食新鲜的菌丝，极少咬食老化的菌丝，从而影响食用菌菌丝正常生长和出菇，幼虫还会咬食食用菌的小菇蕾和菌柄，使子实体停止生长发育，影响子实体形成和生长，严重时造成子实体内部布满咬食孔洞，导致子实体发黄或萎缩枯死，此外，蚤蝇还可排泄出影响子实体生长的毒气，使菌丝体颜色变红，造成食用菌产量损失，因此，菇蝇类害虫的危害性不亚于菇蚊类害虫。短脉异蚤蝇喜好取食如平菇、草菇、鸡腿菇等高温型的食用菌品种，每年夏、秋季是短脉异蚤蝇发生为害高峰期。

2. 防治方法

（1）利用成虫的趋化性，利用糖醋液诱杀成虫；应用电子灭蝇器、高压静电灭虫灯诱杀成虫；在食用菌栽培场所内挂黄色黏虫板诱杀成虫。

（2）化学防治　在食用菌生产过程中需密切观察栽培场所、菇床培养料和菌袋上害虫的发生情况，及时选择安全、高效、低毒药剂实施化学防治。可选用4.5%高效氯氰菊酯水乳剂1 000~1 500倍液、25%除虫脲可湿性粉剂750~1 500倍液等药剂对栽培场所、菇床培养料、菌袋喷雾处理，在采收前7d禁用。

（3）综合防治　由于人工栽培的各种食用菌属腐生性真菌，其栽培的环境条件和营养基质非常适合害虫的发生为害，因此，食用菌害虫的防治不能单纯依赖一种方法，而是应该在搞好栽培场所的环境卫生，创造有利于食用菌生长而不利于害虫发生的环境的基础上，综合使用各种有效措施减少害虫发生为害。

八、白翅异蚤蝇

白翅异蚤蝇属双翅目蚤蝇科，白翅异蚤蝇是为害多种食用菌的重要害虫之一。

1. 为害特点

主要以幼虫取食食用菌菌丝和子实体，在食用菌培养料上咬食菌丝，幼虫一般先从表层菌丝逐渐深入蛀食，只蛀食新鲜的菌丝，极少咬食老化的菌丝，从而影响食用菌菌丝正常生长和出菇，幼虫还会咬食食用菌的小菇蕾和菌柄，使子实体停止生长发育，影响子实体形成和生长，严重时造成子实体内部布满咬食孔洞，导致子实体发黄或萎缩枯死。

2. 防治方法

参考短脉异蚤蝇的防治方法。

九、黑腹果蝇

黑腹果蝇属双翅目果蝇科果蝇属，在我国主要食用菌产区均有分布。

1. 为害特点

主要以幼虫取食食用菌的菌丝和子实体，在食用菌培养料面上咬食菌丝，导致杂菌大量繁殖，使培养料变黑、变黏并形成大量粉末状物，从而影响食用菌菌丝正常生长和出菇，幼虫还会咬食食用菌的小菇蕾和菌柄，影响子实体形成和生长，严重时造成子实体发黄或萎缩枯死，为害部位常发生水渍状腐烂，造成食用菌的产量损失。黑腹果蝇主要为害双孢蘑菇、黑木耳、毛木耳、金针菇、平菇、香菇等食用菌品种。

2. 防治方法

参考短脉异蚤蝇的防治方法。

十、灵芝窃蠹

灵芝窃蠹属鞘翅目窃蠹科，对灵芝为害较普遍。

1. 为害特点

主要以幼虫蛀食灵芝菌柄和蕈伞，造成大量蛀食隧道和孔洞，灵芝外观可见明显的取食为害孔，影响灵芝产量和商品价值。

2. 防治方法

（1）清除栽培场所及周围破旧和腐朽木材，减少虫源。

（2）灵芝采收后及时进行干燥处理，并经严格筛选包装后储藏在密闭干燥的仓库内。

（3）不要与中药材、粮食谷物等产品混合储藏。

（4）应用药剂对发生害虫的栽培场所和菇房进行处理。可选用4.5%高效氯氰菊酯水乳剂1 000~1 500倍液、25%除虫脲可湿性粉剂750~1 500倍液等药剂喷雾。

十一、药材甲

药材甲属鞘翅目窃蠹科。药材甲是一种世界性的储藏物害虫，主要为害灵芝、香菇、茶树菇等食用菌干品，也是谷物、油料、药材等储藏物品的重要仓储害虫。

1. 为害特点

主要以幼虫蛀食灵芝等食用菌干品，造成大量蛀食隧道和孔洞，严重时将食用菌干品咬成粉末状，影响商品价值。

2. 防治方法

参考灵芝窃蠹防治方法。

十二、螨类

为害食用菌的螨类有多种，其中腐食酪螨属蜱螨目粉蛾科，是食用菌螨类的常见种，其他为害食用菌的螨类还有矩形拟矮螨、粗脚粉螨、兰氏布伦螨等。以腐食酪螨为例介绍其发生为害特点。

1. 为害特点

食用菌螨类害虫的危害性极大，成螨和幼螨藏匿于菇床培养料和土壤中咬食食用菌的菌丝，导致菌丝萎缩不生长，严重时菌丝被吃光。为害子实体时，群集在食用菌的菌褶和菌盖上咬食为害，造成子实体表皮呈锈斑，直至萎蔫、畸形或腐烂。螨类主要为害双孢蘑菇、平菇、草菇、凤尾菇、香菇、灵芝、猴头菇、金针菇等，对食用菌的为害很大。

2. 防治方法

（1）搞好栽培场所的环境卫生，种菇前对菇房内外彻底消毒灭虫处理。

（2）选择新鲜未污染的培养料，杜绝螨类来源。

（3）培养料处理、培养料发酵时，堆温升高到60℃并维持5~6h，建议进行后发酵处理，可较彻底杀灭培养料内的螨类。

(4) 培养料或覆土拌药处理，出菇前可选用73%克螨特乳油2 000~3 000倍液对培养料或覆土进行药剂处理。

(5) 释放人工饲养的捕食蛾进行生物防治。

十三、细卷蛾

细卷蛾属鳞翅目细卷蛾科。

1. 为害特点

细卷蛾幼虫取食为害生长期和储藏期灵芝的子实体，从菌盖背面和菌柄基部钻蛀为害，并在菇体内部钻蛀潜食，蛀入处有明显的为害孔，影响灵芝的产量和品质。

2. 防治方法

(1) 搞好环境卫生，清除栽培场所周围的杂草和枯枝落叶。

(2) 人工摘除受害菇体并集中深埋或烧毁。

(3) 应用灯诱或性诱剂诱杀成虫，减少产卵量。

(4) 在害虫发生初期，及时选择安全、低毒药剂防治。可选用4.5%高效氯氰菊酯水乳剂1 000~1 500倍液、25%除虫脲可湿性粉剂750~1 500倍液、Bt 8 000国际单位/微升悬浮剂800~1 000倍液对栽培场所喷雾处理，但必须注意在安全间隔期后采收。

十四、野蛞蝓

野蛞蝓属软体动物门腹足纲柄眼目蛞蝓科。

1. 为害特点

野虫舌蝓主要取食为害双孢蘑菇、平菇、香菇、草菇、球盖菇、杏鲍菇等多种食用菌的子实体，将子实体咬食成缺刻或锯齿状，经野蛞蝓爬行接触过的子实体常有白色黏液质的痕迹，影响食用菌的产量和品质。

2. 防治方法

(1) 搞好环境卫生，清除菇房周围的杂草和枯枝落叶。

(2) 在菇房周围及地面撒石灰粉，减少蛞蝓发生量。

（3）人工捕捉，田间发现少量蛞蝓取食为害菇体时，选择在阴雨天或夜间进行人工捕捉杀灭。

（4）在菇房周围及地面撒施6%四聚乙醛颗粒剂400～600g/667m^2 防治蛞蝓，但不能对菇床或菌袋撒施。

第六章　食用菌菌渣综合利用技术

食用菌菌渣是指采用木屑、棉籽壳、玉米芯等有机物栽培食用菌之后，培养料中剩余的菌丝、被不同程度降解的木质纤维素和多种糖类、有机酸类及生物活性物质。目前我国食用菌菌渣问题已受到广泛关注，菌渣资源化利用研究和开发取得了一系列进展，主要集中在菌渣再次种菇、土壤改良、有机肥料生产、育苗和栽培基质、能源化利用、动物饲料、养殖垫料等方面。国外在菌渣利用方面侧重于生态环境修复、改良土壤和栽培基质生产，在菌渣二次种菇、畜禽鱼饲料添加料、生物活性酶提取、提高植物抗病性等方面也有报道。

食用菌菌渣的营养成分受多种因素影响，如栽培原料、栽培品种、出菇潮次和栽培模式等。食用菌栽培原料通过菌丝体生物转化，粗纤维降低了50%左右，木质素降低30%左右，粗蛋白及粗脂肪提高1倍以上，含有氮、磷、钾等大量营养元素，钙、镁、硫等中量营养元素，铜、锌、铁、锰等微量元素。

通常食用菌菌渣含水量在30%～55%，粗蛋白5.8%～15.4%，粗纤维2.0%～37.1%，粗脂肪0.1%～4.5%，粗灰分1.5%～35.8%，无氮浸出物33.0%～63.5%，钙0.2%～4.6%，碳氮比在30∶1以下，pH值6.0～8.0，多数菌渣有机质含量在45%以上。

食用菌菌渣氨基酸齐全，其中多种氨基酸含量与玉米中氨基酸含量接近，不但含有大量的营养物质，还存在着多种微生物及酶等其他活性物质，对改良土壤理化性状和微生态环境、促进植物营养吸收都有着积极的作用。

第一节　菌渣种植食用菌

不同食用菌对培养料利用程度不同。菌渣可部分替代棉籽壳、木屑、玉米芯等，拓宽食用菌培养料来源，降低生产成本，二次种菇后菌渣可直接沤制肥料或加工成商品有机肥。

目前工厂化栽培的金针菇、杏鲍菇、真姬菇等食用菌菌渣中，不仅含有未完全降解利用的木质纤维素等营养物质，还含有大量食用菌菌丝体，晒干粉碎后补充一些其他栽培原料，不仅可以再次栽培双孢蘑菇、草菇等草腐型食用菌，还可以栽培秀珍菇、榆黄蘑、平菇等侧耳类食用菌。采用金针菇菌渣替代部分棉籽壳进行平菇栽培，当菌渣添加量为70%时，生物学效率达到110%以上，栽培成本比全棉籽壳降低30%以上，经济效益提高12%以上。杏鲍菇菌渣在双孢蘑菇栽培中表现出较常规粪草培养料更强的优势，已经被大量推广。香菇、黑木耳、平菇等木腐型食用菌菌渣的二次种菇技术正在研究开发中。

第二节　菌渣肥料化利用

目前农业生产中化肥大量使用危害着生态环境。食用菌菌渣中有机质含量高，各种速效性养分齐全，菌丝还分泌出一些生物活性物质和酶类，能够抑制部分土传性病害，分解复杂有机物，促进植物生长。菌渣质地疏松，有较好的持水能力，进一步分解成具有良好通气蓄水能力的腐殖质，可有效改良土壤。通过复配在菌渣中添加一些养分，实现养分的合理搭配，能生产菌渣有机肥。

在食用菌菌渣堆肥中接种高温放线菌，可使堆内温度上升至45℃以上，并可持续18~20d，其总养分和有机质含量等指标均达到有机肥料标准。采用真姬菇菌渣快速堆制有机肥料，无须添加其他原材料，仅做好水分、pH值、通气和温度等管理，就可获得各项养分指标均符合相关标准的有机肥料产品。在双孢蘑菇菌渣中添加发酵剂腐熟生产肥料，用于稻田做基肥试验，可使水稻空瘪粒数少，稻穗饱满，产量较施用普通肥料增加20.55%，与不施肥相比增产44.18%，增产效果明显。

第三节 菌渣饲料化利用

食用菌多数栽培基质中蛋白质含量较低或粗纤维含量过高，导致其饲用性能较差。但经过多种微生物发酵和食用菌的分解作用，纤维素、半纤维素和木质素等均被不同程度降解，同时还产生了大量菌体蛋白、多种糖类、有机酸类和其他活性物质，增加了有效营养成分含量。菌渣中含有少量生物碱、黄酮及其甙类，还含有机酸、多肽、留醇及三萜皂甙等生物活性物质，这些物质可作为天然抗氧化剂和抗炎物质，能预防一些动物因食物链问题而引起的疾病。

在育肥猪日粮中添加40%的发酵菌渣，不仅能促进肉猪生长，明显降低腹泻率，同时又能减少精料用量，降低养殖成本。用金针菇菌渣替代其他饲料饲喂牛、羊等草食动物，可降低饲料成本，提高经济效益。

第四节 菌渣基质化利用

草炭是目前广泛使用的作物育苗基质；但草炭不可再生，价格高，过度开采会造成资源枯竭和生态环境破坏。菌渣腐熟物的密度、总孔隙度、通气孔隙度与持水孔隙度之比、pH值等理化指标都适用于制备育苗基质，重金属含量指标也远低于国家标准规定的上限值。

菌渣经腐熟处理后部分替代草炭，这种复合基质不仅养分丰富，而且通透性良好，可以较好地满足幼苗苗期生长对水、气和养分的需要，在育苗期间也不需再追肥，其生产成本低廉，有利于当地废弃物的无害化、减量化和资源化。

采用双孢蘑菇菌渣、平菇菌渣及二者各50%体积比混合的菌渣，45℃烘干48h，研磨成5mm大小，分别以25%、50%、75%和100%的体积比与草炭混合，纯草炭做对照；选择对盐不敏感的番茄、中等敏感的西葫芦和最敏感的辣椒进行穴盘育苗。结果表明，3 种蔬菜种子萌发的育苗基质中菌渣最大添加量为 75%。与纯草炭相比，种子萌发率随育苗基质中菌渣含量的增加而下降。菌渣基质培育的可移栽植株的生物量和营养成分，相当于或高于草炭基质培育的植株。所有供试基质都适于番茄育苗，而双孢蘑菇菌渣、双孢蘑菇与平菇各 50% 体积比混合菌渣的基质更适合西葫芦和辣椒育苗。

第五节　菌渣用于生态修复

利用农业副产物作吸附去除溶液中重金属离子的研究备受关注。食用菌菌渣对 Pb^{2+} 和 Zn^{2+} 吸附作用的研究表明，菌渣对 Pb^{2+} 和 Zn^{2+} 有较强的吸附作用。在人工配制的 Pb^{2+} 和 Zn^{2+} 溶液 pH 值分别为 5 和 6，初始浓度均为 20mg/L，吸附剂用量分别为 16g/L 和 12g/L，吸附时间为 3h，在室温（25℃）条件下吸附率达到最高，吸附后水中 Pb^{2+} 和 Zn^{2+} 浓度与污水综合排放标准（GB 8978—1996）中规定的浓度相接近。

戊唑醇能够有效防治多种作物病害，但戊唑醇在表层土壤中容易富集，易造成环境污染。采用 75% 双孢蘑菇菌渣和 25% 糙皮侧耳菌渣对戊唑醇污染的土壤进行修复处理，为期一年的试验表明，在土壤中添加菌渣不仅能够加快戊唑醇去除速率，还对其持续性和迁移性具有一定的影响，将戊唑醇类农药和菌渣同时使用会显著降低戊唑醇污染土壤与水体的危险性。

在土壤中添加有机物料，能够改变土壤微生物群落结构，提高土壤肥力。使用食用菌菌渣改善土壤结构，提高作物产量，在国内外均有很多报道。西班牙学者采用双孢蘑菇菌渣 T1 和双孢蘑菇与平菇混合（1∶1）菌渣 T2 进行试验，以不添加菌渣处理的土壤作为对照。在处理后 126d 时间内测定了土壤 pH 值、电导率、可氧化有机碳、可利用磷、有机氮、土壤呼吸作用以及多种酶（过氧化氢酶、脲酶、磷酸酶等）的活性。结果表明，菌渣处理后的土壤尤其是 T1 组土壤，过氧化氢酶活性、可氧化有机碳和可利用磷含量显著增加，而对土壤物理、化学特性（pH 值和电导率）的影响不大，菌渣处理后土壤呼吸作用和磷酸酶活性显著增强。研究结果表明，施用食用菌菌渣能够增加土壤肥力，但不能显著改变土壤盐渍度和 pH 值。

第七章　食用菌贮藏与加工技术

第一节　食用菌的贮藏保鲜技术

一、低温保鲜

食用菌种类不同，低温贮存温度也不相同，双孢蘑菇、香菇等大多数食用菌低温贮存温度为 0~5℃；草菇为高温型食用菌，其贮存温度为 10~15℃。

（一）低温保鲜的流程

（1）鲜菇分级与精选。根据客户的要求，通常按菌盖直径大小用白铁制成的分级筛进行筛分，或人工目测进行分选。剔除杂质和碎菇、烂菇、死菇。

（2）降湿。可用脱水机排湿，也可自然晾晒排湿，使菇体含水量降至 70%~80%。

（3）预冷。即在进冷库之前，让菇体热量散尽，使其接近贮藏温度。预冷要根据各种鲜菇对贮藏温度的要求，逐步降温冷却，直至贮藏目的温度。

（4）入库贮藏。排湿后的食用菌及时送入冷库保鲜，冷库温度在 1~4℃，使菇体组织处于停止活动状态，空气相对湿度为 70%~80%，定期通风换气。

（二）保鲜实例

香菇低温保鲜技术。

（1）原料分级与精选。鲜菇要求菇形圆整，菇肉肥厚，卷边整齐，色泽深褐，菌盖直径在 3.5cm 以上，菇体含水量低，无黏附杂物，无病虫感染。出口香菇通常采用三级制：大菇（L

级）菇盖直径在55mm以上，中菇（M级）菇盖直径在45~55mm；小菇（S级）菇盖直径在38~45mm。

分级采用人工挑选或用分级圈进行机械分级，也可两者结合进行分级。在进行原料分级的同时，应剔除破损、脱柄、变色、有斑点、畸形及不合格的次劣菇，选好后应及时入库冷藏。有条件的地区可在冷库中进行分级和拣选，以确保鲜菇的质量。

（2）降湿处理。刚采收或采购的鲜香菇，其含水量一般在85%~95%，不符合低温贮运保鲜的要求。因此，需要进行降湿处理，鲜菇因包装形式、冷藏时间的不同而有所差异。一般用作小包装的含水量掌握在80%~90%；用作大包装的含水量掌握在70%~80%；空运较为迅速，含水量可控制在85%以下；海运含水时大多控制在65%~70%。采用脱水机排湿，也可以采用晾晒排湿。机械排湿时，要注意控制温度和排风量。

（3）预冷、冷藏。将降湿后的鲜菇倒入塑料周转筐内，入库后按一定方式堆放，避免散堆。堆放时，货垛应距离墙壁30cm以上，垛与垛之间、垛内各容器之间都应留有适当的空隙，以利库内空气流通、降温和保持库内温度分布均匀。垛顶与天棚或与冷风出口之间应留有80cm的空间层，以防因离冷风口太近，引起鲜菇冻害。

（4）入库贮藏。排湿后的鲜菇要及时送入冷藏库保鲜，冷藏库温度在1~4℃，贮温越低，保鲜期越长。但不应降至0℃以下，以防引起冻害或不可逆的生理伤害。出入冷藏库时，要及时关闭库门，并尽量避免货物出入的次数过多。冷藏库空气相对湿度为75%~85%，如湿度过高，也可采用除湿器进行除湿。要注意通风换气，通常选在一天气温较低的时间进行，同时要结合开动制冷机械，以减缓库内温、湿度的变化。

鲜菇起运前8~10h，才可进行菇柄修剪工序。如提前进行剪柄，容易变黑，影响质量。因此，在起运之前必须集中人力突击剪柄，菇柄的长度一般为2~3cm，剪柄后纯菇率为85%左右，然后继续装入，待装起运。

二、速冻保鲜

低温速冻保鲜是指在低温（-40～-30℃）下，将保鲜物快速由常温降至-30℃以下贮存。这种技术能较好地保持食品原有的新鲜程度、色泽和营养成分，保鲜效果良好。

速冻保鲜的工艺流程为：原料的准备和处理→护色、漂洗→分级→热烫、冷却→精选修整→排盘、冻结→挂冰衣→包装和冷藏。

三、气调保鲜

气调保鲜就是通过人工控制环境中气体成分以及温度、湿度等因素，达到安全保鲜的目的。一般是降低空气中氧气的浓度，提高二氧化碳的浓度，再以低温贮藏来控制菌体的生命活动。食用菌气调保鲜多采用塑料袋装保鲜法，用这样的方法保藏平菇，每袋放0.5kg，在室温下，可保鲜7d；金针菇在2～3℃下，可延长保鲜时间6～8d；草菇采用纸塑袋包装，并在袋上加钻四个微孔，置18～20℃可保存3～4d；香菇放入0～4℃可保鲜15～20d。

气调贮藏是现代较为先进、有效的保藏技术。通常将气调分为自发气调、充气气调和抽真空保鲜。

四、化学保鲜

采用符合食品卫生标准的化学药剂处理鲜菇，通过抑制鲜菇体内的酶活性和生理生化过程、改变菇体酸碱度、抑制或杀死微生物、隔绝空气等，以达到保鲜的目的。但使用化学品要慎之又慎。常用的化学保鲜方法如下：

（一）米汤膜保鲜

熬取稀米汤，同时加入5%小苏打（碳酸氢钠）或1%纯碱，溶解搅拌均匀后冷却至室温。将采下的鲜菇浸入米汤碱液中。5min后捞出，置于阴凉干燥处。菇体表面即形成一层薄膜，既隔绝空气，减少水分蒸发，又抑制了酶的活性。可保鲜3d。

（二）焦亚硫酸钠处理

先用0.01%焦亚硫酸钠水溶液漂洗菇体3～5min，再用0.1%～0.5%焦亚硫酸钠水溶液浸泡30min，捞出后沥去焦亚硫酸钠溶液，装袋贮存在阴凉处，在10～25℃下可保鲜8～10d，食用时，要用清水漂洗。焦亚硫酸钠不但具有保鲜作用，而且对鲜菇有护色作用，使鲜菇在运输贮藏过程中，保持原有色泽不变。

（三）盐水浸泡

将整理后的鲜菇在0.5%～0.8%食盐溶液中浸泡10～20min，因品种、质地、大小等确定具体时间，捞出后装入塑料袋密封，在15℃下，可保鲜3～5d。其护色和保鲜的效果非常明显。

（四）保鲜液浸泡

将0.02%～0.05%浓度的抗坏血酸和0.01%～0.02%的柠檬酸配成保鲜液。把鲜菇体浸泡在此液中，10～20min后捞出沥干水分，装入非铁质容器内，可保鲜3～5d。用此方法，菇体色泽如新，整菇率高。

（五）比久保鲜

根据鲜菇品种、质地及大小，配制0.003%～0.1%比久溶液，将鲜菇浸泡10～15mm后，取出沥干，装袋密封，在室温下保鲜8d，能有效防止变褐，延长保鲜期。适用于双孢蘑菇、香菇、平菇、金针菇等菌类保鲜。

五、负离子保鲜

将刚采下的菇体不经洗涤，在室温下封入0.06mm厚的聚乙烯薄膜袋中。在15～18℃下存放，每天用1×10^{5}个/cm^{3}浓度的负离子处理1～2次，每次20～30min。经过处理的鲜菇可延长保鲜期和保鲜效果。

负离子对菇类有良好的保鲜作用。能抑制菇体的生化代谢过程，还能净化空气。负离子保鲜食用菌，成本低，操作简便，也不会残留有害物质。其中产生的臭氧，遇到抗体便分解，不会集聚。因此，负离子贮藏是食用菌保鲜中的一种有发展前景的方法。

六、辐射保鲜

辐射保鲜食用菌是一种成本低、处理规模大、见效显著的保鲜方法。用钴 60 等放射源产生的 γ 射线照射后，可以抑制菇体酶活性，降低代谢强度，杀死有害微生物，达到保鲜效果。辐射贮藏是食用菌贮藏的新技术，与其他保藏方法相比有许多优越性。如无化学残留物，能较好地保持菇体原有的新鲜状态，而且有节约能源、加工效率高、可以连续作业、易于自动化生产等优点。但这种保鲜方法对环境设备的要求十分高，使用放射源要向有关单位申请，一般只有科研机构和规模化企业使用。

第二节　食用菌加工技术

（一）干制加工

食用菌的干制也称烘干、干燥、脱水等，它是在自然条件或人工控制条件下，促使新鲜食用菌子实体中水分蒸发的工艺过程，是一种被广泛采用的加工保存方法。适宜于脱水干燥的食用菌如香菇、草菇、黑木耳、银耳、猴头和竹荪等，干燥后不影响品质，香菇干制后风味反而超过鲜菇。但是有些菇如平菇、猴头菇、滑菇一般以鲜吃为好；金针菇、平菇等干制后，其风味、适口性变差。黑木耳和银耳主要以干制为主。经过干制的食用菌称为干品。干制品耐贮藏，不易腐败变质，可长期保藏。干制对设备要求不高，技术不复杂，易掌握。食用菌干制方法有晒干法、烘干法和热风干燥法等。

1. 晒干法

采用晒干法时，应选择阳光照射时间长，通风良好的地方，将鲜菇（耳）薄薄地摊在苇席或竹帘上，厚薄整理均匀、不重叠。如果是伞状菇，要将菌盖向上，菇柄向下。晒到半干时，进行翻动。翻动时伞状菇要将菌柄向上，这样有利于子实体均匀干燥。在晴朗天气，3~5d便可晒干。晒干后装入塑料袋中，迅速密封后即可贮藏。晒干所用时间越短，干制品质量越好。

黑木耳晒干法：选择耳片充分展开，耳根收缩，颜色变浅的黑木耳及时采摘。剔去渣质、杂物，按大小分级。选晴天，在通风透光良好的场地搭晒架，并铺上竹帘或晒席。将黑木耳薄薄地均匀撒摊在晒席上，在烈日下暴晒1~2d，用手轻轻翻动，干硬发脆，有“哗哗”响声为干。但需注意，在未干之前，不宜多翻动，以免形成拳耳；将晒干的耳片分级，及时装入无毒塑料袋，密封保藏于通风、干燥处。

2. 烘烤法

将鲜菇放在烘箱、烘笼或烤房中，用电、煤、柴作为热源，对易腐烂的鲜菇进行烘烤脱水的方法。

此法的特点是干燥速度快，可保存较多的干物质，相对地增加产品产量，同时在色、香、外形上均比晒干法提高2~3个等级。适于大规模生产和加工出口产品，烘干后产品的含水量在10%~13%，较耐久贮藏。

3. 热风干燥法

采用热风干燥机产生的干燥热气流过物体表面，干湿交换充分而迅速，高湿的气体及时排走。具有脱水速度快，脱水效率高，节省燃料，操作容易，干度均匀，菇体不变色、变质，适宜大量加工的优点。

热风干燥机用柴油作燃料，设有1个燃烧室和1个排烟管，将燃烧室点燃，打开风扇，验证箱内没有漏烟后，即可将食用菌烘筛放入箱内进行干燥脱水。干燥温度应掌握先低、后高、再低的曲线，可以通过调节风口大小来控制，干燥全过程需8~10h。

以上几种干制技术都是间接干燥，即都是以空气为干热介质，热力不直接作用于加工制品上，造成很大的能源浪费。近年来，现代化的干燥设备和相应的干燥技术有了很大的发展，例如远红外技术、微波干燥、真空冷冻升华干燥、太阳能的利用、减压干燥等，这些新技术应用到食用菌的干燥上，具有干燥快、制品质量好等特点，是今后干制技术的发展方向。

（二）腌制加工

腌制加工法是利用高浓度食盐所产生的高渗透压，使得食用菌体内外所携带的微生物脱水处于生理干燥状态，原生质收缩，微生物无法生长繁殖，从而使菇类免受其害从而能长期贮藏。

不同的腌制方法和不同的腌制液，可腌制出不同的产品、不同的口味。

1. 盐水腌制

利用盐水的高渗透来抑制微生物活动，避免在保藏期中因微生物活动而腐败。如盐水双孢蘑菇、盐水平菇、盐水金针菇和盐水香菇等。

2. 糟汁腌制

先配制糟汁，一般配方（以1 000g菇计）为：酒糟2g、蔗糖80g、糖250g、食盐180g、味精16g、辣椒粉8g、35%酒精220mL、山梨酸钾2. 8g，将上述各料混合均匀后备用。

将冷却后的菇体放入陶瓷容器中，撒一层糟汁腌制剂放一层菇体，依次重复地一层糟汁、一层菇地摆放下去，直到放完为止。糟汁腌制好后，每天翻动1次，7d后腌制结束。糟制最好在低温下进行，因为高温下糟制微生物活动频繁，糟制品易腐败变质。

3. 酱汁腌制

先配酱汁，腌制1 000g菇的酱汁配方为：豆酱2 000g、食醋40mL、柠檬酸0. 2g、蔗糖400g、味精8g、辣椒粉4g、山梨酸钾3g，将上述各料充分混合备用。腌制时，操作方法与糟汁腌制法相同，也要在陶瓷容器中腌制，一层酱汁一层菇摆放。

4. 醋汁腌制

腌制100g食用菌的醋汁配方为：醋精3mL、月桂叶0. 2g、胡椒1g、石竹1g。将调料一并放入沸水中搅混，同时放入菇体，煮沸4min，然后取出菇体，装进陶瓷或搪瓷容器中，再注入煮沸过的、浓度为15%~18%的盐液，最后密封保存。

（三）制罐加工

制罐加工也称罐藏食用菌罐藏就是将新鲜的食用菌经过一定的预处理，装入特制的容器中，经过排气、密封和杀菌等工艺，使其能在较长时间内保藏的加工方法。用这种方法保藏的产品称食用菌罐头。

原料菇的选择与处理→护色与漂洗→预煮与冷却→修整与分级→装罐→排气→封罐→灭菌→冷却→打印包装。

（四）食用菌深加工

食用菌深加工是指利用食用菌的菌丝体或子实体作为主要原料，生产食品、饮料、医药、调味品等食用菌产品的加工工艺。食用菌精深加工的原料可以是食用菌子实体、液体或固体培养的菌丝体，也可以是子实体下脚料，如双孢蘑菇、香菇、平菇、黑木耳、银耳、猴头、茯苓、灵芝、灰树花、蛹虫草等许多食用菌，都可加工开发。将干净的子实体或粉末或提取液，按成品要求加入到米、面中，制成时令点心和滋补食品。以传统工艺制成各种糕饼、面粥，如香菇面包、八宝粥、双孢蘑菇挂面等；食用菌饮料主要有食用菌酒、食用菌汽水、食用菌可乐、食用菌冲剂、食用菌茶等，食用菌调味品主要有食用菌酱油、食用菌醋、麻辣酱、调味汁、方便汤料等。保健药品主要有灰树花多糖胶囊、多糖口服液、灵芝破壁孢子粉胶囊、灵芝切片保健茶、蛹虫草胶囊、灵芝虫草酒、天麻茶等。食用菌精深加工食品的研制成功，不仅为人们生活增添了新的美食及保健佳品，而且通过加工增值，可促进食用菌产业的发展，形成食用菌生产、产品加工、内销外贸一体化的产业化格局，为今后食用菌的生产开发提供一条高效发展模式，使食用菌产业进入一个高层次发展水平，产生更大的效益。

参考文献

郭士环，郭士晶. 2019.食用菌栽培技术［M］. 北京：中国农业出版社.

康源春. 2018.一本书明白当好食用菌技术员［M］. 郑州：中原农民出版社.

李云水. 2019.食用菌栽培［M］. 天津：天津科学技术出版社.

刘世玲，焦海涛. 2019. 现代食用菌栽培实用技术问答［M］. 武汉：湖北科学技术出版社.

孟庆国，侯俊，刘国宇. 2018.食用菌工厂化栽培技术图解［M］. 北京：化学工业出版社.

牛贞福，刘文宝. 2019.食用菌生产技术［M］. 济南：济南出版社.